给孩子的基础科学启蒙书

化学，太有趣了！

柠檬夸克 ---- 著
得一设计 ---- 绘

化学工业出版社
·北京·

图书在版编目（CIP）数据

化学，太有趣了！/ 柠檬夸克著. —北京：
化学工业出版社，2022.9
（给孩子的基础科学启蒙书）
ISBN 978-7-122-41730-5

Ⅰ．①化… Ⅱ．①柠… Ⅲ．① 化学－青少年读物
Ⅳ．① O6-49

中国版本图书馆 CIP 数据核字（2022）第 105862 号

责任编辑：张素芳　　　　　　　　　文字编辑：林　丹　訾景岩
责任校对：刘曦阳
装帧设计：尹琳琳　梁　潇

出版发行：化学工业出版社（北京市东城区青年湖南街 13 号　邮政编码 100011）
印　　装：中煤（北京）印务有限公司
710mm×1000mm　1/16　印张 10　字数 180 千字
2023 年 8 月北京第 1 版第 1 次印刷

购书咨询：010-64518888　　　　　　售后服务：010-64518899
网　　址：http://www.cip.com.cn
凡购买本书，如有缺损质量问题，本社销售中心负责调换。

定　价：39.80 元　　　　　　　　　　版权所有　违者必究

目　录

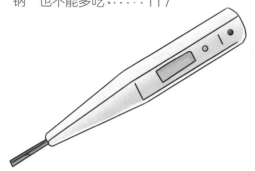

第 **1** 章

认识化学元素

我们生活的这个世界，动物，植物，我们所吃的、所用的、所创造和所依赖的……一切物质，都是由化学元素构成的。香蕉中富含钾，石灰石中含有碳、氧和钙，电脑、手机中的芯片少不了硅……

 怎么了，小克，看你一脸不开心的样子？

我妈说要带我去测微量元素，她怀疑我身体里缺了什么东西。

 哦？

我确实是缺了点东西啊！

 你怎么知道？缺什么？

我缺少快乐和自由！

 哦……可它们不是元素啊，在身体里也不该只有"微量"才对，应该多多的！

对了，我们学校要开毛笔书法课了，说要给课堂增加中国元素……

 好呀！

可到底什么是元素呢？

化学元素

元素是化学王国通用的语言，认识了元素，在化学王国的漫游才能畅通无阻。

元素是人类认识这个世界的一道道台阶。现在，人类已经发现了 100 多种元素，其中有超过 20 种是凭借人的聪明才智造出来的！踏着元素的台阶，人类登上了科学的高峰！

那元素到底是什么呢？

什么中国元素、时尚元素，那些个"元素"我们先放一放。科学上说的元素是"化学元素"的简称。

还记得原子吗？我们把质子数相同的一类原子统称为一种元素。

怎么样？有点傻眼吧？如果你盯着元素的定义，看了两三遍，翻了翻白眼，挠了挠后脑勺，觉得想不通，那么，恭喜你！

老实说，柠檬第一次看见这个定义也这样。

想不通不是坏事。想不通说明你想了，想不通说明你离想通不远了。

为什么呀？为什么把质子数相同的原子算成一种元素？干吗这么分？

柠檬悄悄话

不记得啦？真的不记得可爱的原子和质子啦？

小原子里有大天地！不记得的话，就再看看本套书《物理，太有趣了》第12章"寻找最最小，世界真奇妙"吧！

请你想想你的学校，是不是把同一年出生的孩子分到一个年级？为什么不把同一个月份出生的孩子分到一个年级里呢？

同一年出生的孩子，年龄一样，理解能力和接受能力相差不大，可以一起学习，互相之间也会有共同语言，是吧？一个 2020 年 3 月出生的孩子和一个 2013 年 3 月出生的孩子，相差 7 岁，他们的学习能力和知识水平相差太大了！如果放在一个班里，学一样的东西，老师和他们都会很抓狂，是吧？

质子数相同的原子，也许它们的中子数不一样，但是只要质子数一样，它们的化学性质就一模一样。好，有共同点了！

再想一下，如果你转学，来到一所新学校，校长该怎么给你分班呢？凭什么？还是凭你的年龄，依据你是哪年出生的，不会依据你是哪个月出生的，对吗？

同样的道理，如果你"看见"一个原子——当然用肉眼是看不到的，它太小了——你怎么知道它是谁呢？这时就数它里面的质子的个数。如果它有 8 个质子，那么它一定是氧原子无疑。如果它有 20 个质子，甭问了，一定是钙原子，错不了。如果数出 79 个质子，啊！快！那是金子！别让它跑了！

不太想告诉你现在有多少种元素。不是柠檬不知道，是因为说出来，可能没过多久就变了。因为科学家们正在实验室中不停地制造新元素。截止到 2019 年 7 月，一共发现了 118 种元素，其中 94 种是自然界中存在的。也许，此时此刻，某个实验室里，科学家们又合成出了新的元素，谁知道呢！

己经发现118种元素

元素先遣团

人有名字，每一种元素也都有自己的名称，而且还有符号呢。如果你对一个外国人说"白金"，他不懂，说"铂"，他也茫然，可是只要写出"Pt"，全世界的人都两眼冒光，都知道这是比金子还贵的那种金属，打成项链、戒指人见人爱！

再比如说大家都熟悉的水银，它的名称是汞，符号是 Hg；硫黄的名称是硫，符号是 S；氧的符号是 O；金的符号是 Au……

好了，这么零敲碎打太不给力！下面，柠檬召集了一批你生活中听到过、见到过、用到过、摸到过、闻到过，还有捏着鼻子讨厌过的化学元素，组成元素先遣团，列队迎候在下面的表格里，让它们逐个做个自我介绍，让你认识。

序号（质子数）	元素名称	元素符号	认识一下
1	氢	H	我的队伍最庞大，是宇宙中含量最多的元素，占宇宙总质量的 3/4。别惹我哦！我很容易发生化学反应——砰！炸了！
6	碳	C	你别只想到那些黑乎乎的燃料嘛！我是地球上所有生命的基础，璀璨的钻石也是我呀！
7	氮	N	大气中 78% 都是我。不好意思！屁的主要成分也是我……不过，臭味可不关我的事，我是无味的。
8	氧	O	我的重要性？捏住鼻子一分钟你就知道了。地球上绝大多数生命都离不开我。

序号 （质子数）	元素 名称	元素 符号	认识一下
11	钠	Na	我是性质活跃的金属。你吃的食盐、味精里都有我。不过，吃多了我，你会得高血压。
13	铝	Al	我又硬又轻，是制造飞机的主要材料。
14	硅	Si	我是地壳中含量排第二的元素。沙子、玻璃、水晶、石英的主要成分都是我。因为能制造计算机芯片，俺还和高科技沾上边哩。
16	硫	S	尽管总被和臭鸡蛋味联系在一起，但我的出身很高贵，是炼金师最早发现的元素之一，现在我是重要的工业原料。
20	钙	Ca	看你这么壮实，你妈妈一定给你补过我了。我在你的骨头里。
26	铁	Fe	太熟了，还用自我介绍吗？"人是铁，饭是钢"，说的都是我啊！
33	砷	As	我的氧化物就是砒霜……吓到你了？
47	银	Ag	银子，银子，白花花的都是我。我那一去不复返的白银时代……
78	铂	Pt	我把自己弯成个环，再顶上个钻石就是每个女人的挚爱。可我不喜欢你叫我"白金"，我叫铂！
79	金	Au	黄金！金子！
80	汞	Hg	我小名叫水银，是唯一常温下处于液态的金属，"你发烧了！"是我在体温计里告诉你的哟。
82	铅	Pb	在没有放射性的元素中，我是最重的一种，我是阻挡放射性射线的英雄。
86	氡	Rn	我是对人体危害最大的放射性元素。并不是因为我的放射性强，而是我哪儿都露一脸。
92	铀	U	一听我被浓缩，全世界的总统都急了！有人拿我建核电站，有人用我造原子弹。

表中的序号叫作原子序数，即该元素的原子中所含质子的数目。

元素多了，自然要把它们分门别类，分个组、排个队。这件事可是难倒了不少化学家。

这有什么？不就是排队吗？按照原子序数排就是了。

 你真聪明！跟化学家想到一块儿去了。可是，100 多年前，化学家们还无法准确测量原子序数，能够准确测量的是原子的质量。

那就按原子质量排！

 很多化学家都是这么排的。可有一个难题无法解决。当时已经发现了 63 种元素，这些元素中有很多化学性质十分相似。简单地按原子质量排序，是无法把化学性质相似的元素排在一起的。

不排在一起就不排呗！干吗非要在乎化学性质？干吗非要化学性质相似的排在一起？

 对不起！化学家最在乎的就是化学性质，他们研究的就是物质的化学性质。他们想知道，这么多元素，它们的化学性质有没有规律。

高手出招：化学元素周期表

1869 年，俄罗斯化学家门捷列夫排出了一张表。

在这张表中，他没有简单地把元素按原子质量排序，而是在按原子质量排序的同时，兼顾了元素的化学性质。比如按当时已经发现的元素排列，在锌的后面，应该是砷。可砷的化学性质明显不对，明显不该紧挨着砷排。于是门捷列夫天才地在锌和砷的中

德米特里·伊万诺维奇·门捷列夫（1834—1907），俄国化学家，他发现了元素周期律，并就此发表了世界上第一份元素周期表

间留了两个空格，并且预言：这两个空格中应该是两个化学性质分别与铝和硅相似的新元素。

柠檬悄悄话

什么是化学性质？化学性质说的是一种东西在化学变化中会有何表现。啥叫化学变化呢？你也不满意这样死板板、干巴巴的定义吧？别急，下一章给你来个具体的化学变化，保证五光十色，特好看！现在，你先记着"化学性质"这回事。

化学元素周期表

族 / 周期

1 / 1A

元素符号 — H
元素名称 — 氢
原子序数 — 1

■ 非金属：没有金属特性，常温下大部分是固体或气体。

■ 金属：具有金属光泽、有延展性，容易导电、导热，除汞外，常温下是固体。

■ 惰性元素：0 族元素的总称，化学性质都不活泼。

注：IUPAC 推荐元素周期表按顺序由第 1 至第 18 进行分族。

周期	1 1A	2 2A	3 3B	4 4B	5 5B	6 6B	7 7B	8
1	H 氢 1							
2	Li 锂 3	Be 铍 4						
3	Na 钠 11	Mg 镁 12						
4	K 钾 19	Ca 钙 20	Sc 钪 21	Ti 钛 22	V 钒 23	Cr 铬 24	Mn 锰 25	Fe 铁 26
5	Rb 铷 37	Sr 锶 38	Y 钇 39	Zr 锆 40	Nb 铌 41	Mo 钼 42	Tc 锝 43	Ru 钌 44
6	Cs 铯 55	Ba 钡 56	镧系 57~71	Hf 铪 72	Ta 钽 73	W 钨 74	Re 铼 75	Os 锇 76
7	Fr 钫 87	Ra 镭 88	锕系 89~103	Rf 𬬻 104	Db 𬭊 105	Sg 𬭳 106	Bh 𬭛 107	Hs 𬭶 108

镧系：
La 镧 57	Ce 铈 58	Pr 镨 59	Nd 钕 60	Pm 钷 61

锕系：
Ac 锕 89	Th 钍 90	Pa 镤 91	U 铀 92	Np 镎 93

镧系：大多数是柔软而有银白色金属光泽的金属。

锕系：都是放射性金属元素。

			13 3A	14 4A	15 5A	16 6A	17 7A	18 0
								He 氦 2
			B 硼 5	C 碳 6	N 氮 7	O 氧 8	F 氟 9	Ne 氖 10
10 11 1B	12 2B		Al 铝 13	Si 硅 14	P 磷 15	S 硫 16	Cl 氯 17	Ar 氩 18
i	Cu 铜 29	Zn 锌 30	Ga 镓 31	Ge 锗 32	As 砷 33	Se 硒 34	Br 溴 35	Kr 氪 36
d	Ag 银 47	Cd 镉 48	In 铟 49	Sn 锡 50	Sb 锑 51	Te 碲 52	I 碘 53	Xe 氙 54
t	Au 金 79	Hg 汞 80	Tl 铊 81	Pb 铅 82	Bi 铋 83	Po 钋 84	At 砹 85	Rn 氡 86
s	Rg 铹 111	Cn 鿔 112	Nh 鿭 113	Fl 铁 114	Mc 镆 115	Lv 铊 116	Ts 鿬 117	Og 鿫 118

	Gd 钆 64	Tb 铽 65	Dy 镝 66	Ho 钬 67	Er 铒 68	Tm 铥 69	Yb 镱 70	Lu 镥 71
n	Cm 锔 96	Bk 锫 97	Cf 锎 98	Es 锿 99	Fm 镄 100	Md 钔 101	No 锘 102	Lr 铹 103

果然，在1875年发现了镓，1886年发现了锗，刚好填到这两个格子里。这两个元素的化学性质分别与铝、硅相似，证明了门捷列夫的预言。

虽然门捷列夫以原子质量为基础来排列元素，可他根据自己的研究对某些元素的原子质量提出了质疑。比如当时金的原子质量公认为169，它应该排在铂的前面，

可是根据化学性质，金却应该排在铂的后面。门捷列夫认为，金的原子质量测量错了，于是把金排到了铂的后面。最终，实验证明，金的原子质量应该是 197，确实应该在铂的后面。

　　元素周期表中的每一行代表一个周期，同一周期内的元素，它们原子核外部的电子结构是相同的，所不同的就是最外层电子的数量。从左到右，最外层电子的数量依次增多，原子的半径却逐渐

变小。

　　每一列代表一个族，同一族的元素具有相似的化学性质。其中第 1A 族和第 7A 族元素的化学性质最为活泼，很容易发生化学反应，然后是第 2A 族和第 6A 族的元素，第 3A 族和第 5A 族的元素……第 0 族的元素是最不活泼的，一般来说不会与其他元素发生化学反应，我们称它们为惰性元素。

　　一项伟大的科学成就，不仅能成功地解释已知的现象，而且常常还能超前一步，给出预言，如明灯般照亮科学上的探索和前行之路。门捷列夫的元素周期表就是这样的。很可惜，这项伟大的工作并没有获得诺贝尔化学奖。这是化学界和诺贝尔奖的遗憾。

唉，我也替门捷列夫遗憾呢！

 真是善良的孩子！好了，我们说点高兴的。掌握了化学元素周期表，就好比拿到了进入化学王国的签证。走！漫游开始咯！出发！

第 2 章

来！体验一把化学家

我们已经进入化学王国了吗？真新奇！这里住的都是什么人？

 自然都是化学家了。

哦？我知道，数学家整天都写写算算，是天生对数字超级敏感的牛人；音乐家都披着一头长发，随便拿一根筷子就可以在旋律中挥舞，唱着"当当当当"；化学家是干什么的？

 啊哦……这个问题嘛，一两句话很难讲清楚。不过，既然来到了化学王国，我们就体验一回化学家的神奇经历吧！

好玩吗？

 太好玩了！来！咱们当一回化学家！

那……我是不是该穿件白大褂？

化学家，开工了

　　没错！化学家经常要做实验。就像你在电视里看过的那样，穿着白大褂，面对一排排五颜六色的瓶瓶罐罐。他们有时把一个试管里的液体倒进另一个试管，看看会发生什么现象——变了颜色？产生沉淀？冒出气泡？有时把两种东西混合在一个大烧杯里，还拿根玻璃棒搅拌，然后把它们加热，看看又会发生什么……

　　变了颜色、产生沉淀、冒出气泡，为什么会这样？因为有新东西产生出来了，或者说原来试管里的东西，变成了不一样的新东西——这就叫化学变化（或化学反应）。

厨房里的化学变化
烧鱼的时候，要加醋和黄酒。醋里有酸，黄酒里有乙醇。酸和乙醇可以生成一种有香味的东西，叫酯（zhǐ）。有了它，鱼就很美味。

我也是化学家呢！

水变成冰，水变成水蒸气，虽然模样变得不一样，但是变来变去，还都是水，化学成分都是 H_2O，也就是水分子。没变出新东西来，这种变化叫物理变化。

一种物质在化学变化中，颜色改变、产生沉淀、冒出气泡，甚至释放热量、发生爆炸……种种这些，我们能看到、听到、摸到、感觉到的现象，以及谁可以和谁发生化学反应，某种东西容不容易发生化学反应，这些都叫这种物质的化学性质。

化学家也需要掌握每种东西的物理性质。

你说过，化学家最关心的就是化学性质？

 对啦！化学性质对化学家来说太重要啦。当然，对我们也很重要。

甲烷和空气混合会爆炸，所以你发现煤气泄漏，要立刻开窗！万万不能打开排风扇！电器开关产生的电火花，很容易在这时引起爆炸。

化学家，帅呆了

哇！化学家的生活太刺激了！

小意思！化学家还有更带劲的呢！

什么呀？什么呀？

化学家还发明出了许许多多的新鲜玩意儿，它们有出人意料的神奇本领，带给人们大大的惊喜。

1933 年，英国卜内门化学工业公司在高压下聚合生成了一种叫聚乙烯的东西。它无毒、无味，耐低温、耐腐蚀、不吸水，有很多可爱的性质。对它，你可太熟悉了！轻轻薄薄，可以叠成一小块，放在口袋里，用的时候拿出来，啪地一抖，什么都能装！非常方便，不怕水、不怕脏。你猜出来了吗？哈哈，对，就是塑料袋。

20 世纪 40 年代，化学家罗伊·普朗克特博士在美国新泽西州杜邦公司的实验室里，发明了聚四氟乙烯树脂，杜邦公司给这种新玩意儿起了个商品名，叫 Teflon。中国人按照发音，管它叫"特氟龙"。这东西又有什么特性呢？它不粘、耐热、可滑动、有很好的抗湿性，并且耐磨损、耐腐蚀。1954 年，一位法国工程师的妻子，在多次因为食物粘在锅底，造成煳锅而气得心烦意乱后，突发

奇想：能不能把丈夫涂在钓鱼线上防止打结的不粘材料特氟龙用在煎锅上呢？从此，拯救了无数现代家庭主妇的不粘锅问世了！

塑料袋和不粘锅原来是化学家的发明？

 可以这么说。

太棒了！当化学家太好玩了！

 那下面我们去认识一种激情澎湃的化学反应——它光芒万丈，热力四射！它点燃了人类最初的文明之光，但有时也无情地吞噬生命……

你说的是着火吧？

 你怎么这么聪明啊？不过咱们现在是化学家了，说话要专业点儿——

化学家：不说着火，说燃烧

从化学家的角度来说，燃烧只是一种比较剧烈的化学反应。在这种化学反应发生的时候，会产生大量的光和热，甚至会发生爆炸。

二氧化碳灭火器使用方法

1. 拔掉铅封和保险销

3. 用力按压手柄（压把）对准火苗根部，注意要左右摆动，把着火的地方都覆盖到

2. 把喷管朝向起火部位

要想发生燃烧，必须具备三个要素，分别是：可燃物、助燃物和达到燃点。

所谓可燃物，通俗地说，就是燃料。比如纸张、木头、油……这些都是燃料，都能被火点着。它们在一定条件下都可以燃烧。

那么什么是助燃物呢？顾名思义，就是可以帮助可燃物燃烧的东西啦。最常见的助燃物就是氧气。纸张、木头、油……这些东西在燃烧时，没有氧气帮忙可不行。我们在日常生活中接触到的几乎所有的燃烧现象，助燃物都是氧气。

不过，氧气并不是唯一的助燃物。来到化学家的实验室里，我们可以发现很多助燃物。比如二氧化碳（CO_2）是一种不太活泼的气体，一般来说，有二氧化碳的地方，就不会发生燃烧。人们甚至用二氧化碳来制造灭火器。可是如果可燃物是金属镁（Mg），那么二氧化碳就来个大变脸，"煽风点火"镁的燃烧，成了助燃物。镁在二氧化碳里燃烧，会生成氧化镁（MgO)和碳（C），化学家这么写这个化学变化的反应式：

$$2Mg+CO_2 = C+2MgO$$

说的是这回事：

2 镁 + 二氧化碳 反应生成 碳 + 2 氧化镁

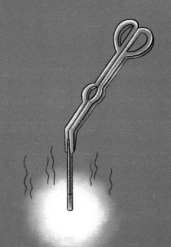

镁条燃烧实验

另外，金属钠（Na）在氯气（Cl$_2$）里燃烧可以生成氯化钠（NaCl，就是食盐），金属镁（Mg）在氮气（N$_2$）内燃烧可以生成氮化镁（Mg$_3$N$_2$）……在这些燃烧中，助燃物都不是氧气。

那么，是不是把可燃物和助燃物放在一起，就一定会发生燃烧呢？当然不是。纸是可燃物，空气中有大量的氧气，但把纸放在空气中，谁见它好端端地自己就着火了？

为什么不着火呢？是因为温度不够高。

燃烧三要素的最后一个就是，可燃物的温度必须达到一个临界温度以上才成。这个临界温度叫作燃点。只有高到燃点以上，燃烧才会发生。比如，天然气的燃点是 700 摄氏度左右，木材的燃点是 450 摄氏度左右，煤炭的燃点是 470 摄氏度左右，纸的燃点大约在 130 摄氏度至 180 摄氏度，而通常我们环境中的温度只有 20 摄氏度左右，没有达到燃点，当然烧不起来。

 现在，你知道当我们需要某个东西燃烧时，为什么要点火了吧？

嗯……是让温度高于燃点？

 没错！

一般火焰的温度可以达到 1000 摄氏度以上, 足够点燃大多数的可燃物了。

有些东西的燃点比较低, 比如磷的燃点只有 40 摄氏度。只要环境温度稍高, 用不着点火, 它自己就会发生燃烧, 这叫作自燃。你想想, 自燃好不好? 有点可怕吧? 因为它自燃了不要紧, 它那火苗摇摇摆摆, 是不折不扣的"恐怖分子"。它会让周围的温度迅速升高, 点燃其他的东西, 一场火灾可能就这样发生了。所以对磷这样容易自燃的物质要严加看管, 该怎么保存呢?

放冰箱里, 温度低嘛, 达不到燃点, 就设法燃烧啦!

 你真是学了就会用, 很棒! 不过呢——

放在冰箱里, 它也会悄悄地慢慢氧化, 在氧化的过程中放热, 还是不太安全。最好的办法是把它保存在煤油里, 与氧气, 也就是助燃物隔绝, 彻底断了它的后路!

柠檬，你说化学家最关心化学性质，那颜色算不算化学性质呢？

在化学反应中呈现的颜色，当然是化学性质之一啦。

那为什么有的东西燃烧时是蓝火苗，比如煤气灶的火焰，有的东西燃烧时就是红火苗，还有的是黄火苗呢？

啊！这个问题有意思啦！

　　家里的煤气灶在点燃时，往上面撒一些食盐，原本蓝色的火苗就变成了明亮的黄色。这是为什么呢？食盐的化学名称叫氯化钠（NaCl），里面有钠。钠在高温下会发出黄颜色的光，这叫焰色反应。

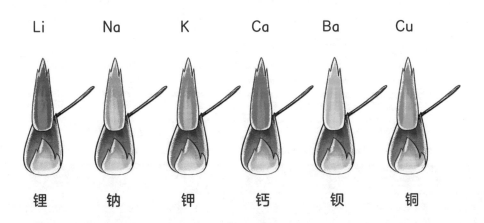

太好玩了! 有红色的吗? 有绿色的吗? 有紫色的吗?

有, 都有! 都有!

耶——简直太酷了! 当个化学家, 真的很好玩! 我说, 柠檬, 你真该早点带我来体验!

喂喂, 可别说你今天才第一次见识化学实验。焰色反应这种化学变化, 柠檬敢拍胸脯保证: 你铁定早就见过。

是吗? 不会吧? 没有啊, 我以前没往煤气灶上撒过盐。

再好好想想——每年春节, 你都见过焰色反应的, 甚至亲手制作过。

哦? 难道……你说的是……

第 3 章

别人放花炮，
我知道奥妙

（过春节了，噼里啪啦的鞭炮声中……）

走，放炮去！柠檬，快来！回来再吃嘛！

 嗯，嗯……来了！（嘴里含混地大嚼。）

（砰！一个礼花绚丽升空……）

咦？为什么隔壁哥哥放的就噼里啪啦地响，我们这个就是"砰"的一声呢？

 他放的是鞭炮，你放的是烟花。（继续大嚼中……）

这还用你说？盒子上都写了。我想知道为什么呀。为什么鞭炮会出那么大声？那么大的声音怎么来的？为什么声音还不一样？

 你真是个爱问问题的小可爱！你听，我嘴里也噼里啪啦地响……

讨厌！你那是吃薯片呢！我说的是放鞭炮的"噼里啪啦"声是从哪里来的。

 好吧，我来告诉你。听说过我国古代的"四大发明"吧？

当然！造纸术、印刷术、指南针和火药。

"砰"的一响哪来的

没错！鞭炮里装的就是火药，而且就是"四大发明"中的中国传统火药，因为这种火药是黑颜色的，所以也叫黑火药。黑火药里有三种成分，分别是硫黄、硝石和木炭。其中的硫黄就是化学元素硫（S），硝石的主要成分是硝酸钾（KNO_3），木炭的主要成分是化学元素碳（C）。它们在一起就会发生这样的化学反应：

化学家这么写：

$$S + 2KNO_3 + 3C \Longrightarrow K_2S + N_2 + 3CO_2$$

说的是这回事：

硫 + 2 硝酸钾 + 3 碳 反应生成 硫化钾 + 氮气 + 3 二氧化碳

反应式左边的三种物质都是固体，也就是说鞭炮生产出来，一直到你燃放点火前，鞭炮的纸卷里放的都是黑色粉末。

当你点燃一根火柴，把鞭炮的引线点着，接着里面的火药发生了化学反应，变成了什么呢？

就是反应式右边的氮气和二氧化碳，它们可都是气体。也就是说，这个化学反应过程，会产生大量的气体。这意味着什么呢？在一般情况下，气体所占的体积大约是同等质量的固体体积的数千倍。好家伙，这还了得！一小把粉末，瞬间变成了体积几千倍的气体。那个小小的鞭炮纸卷当然盛不下这么多气体了。怎么办？气体要冲出来。于是，"砰"的一响，鞭炮一下子就炸开了。

至于你说的"噼里啪啦"的声音嘛，那是因为火药里加了白糖。

啊？白糖？真不可思议！白糖甜甜的，我怎么也没法把它和威力十足的鞭炮联系到一起。

没错！这就是奇妙的化学。加了白糖，就是会让鞭炮的声音听起来更响。

这么说，难道鞭炮是甜的？

我没尝过，我想应当是有甜味的。不过你可千万不要去尝，因为里面的硫黄有毒！

我们再来看那个化学反应式，左边有1份硫黄、2份硝酸钾和3份碳，所以还有一个顺口溜，叫"一硫二硝三木炭"，说的就是黑火药的成分配比。

"一硫二硝三木炭"，说起来挺简单，真不知发明火药的人试了多少次，才弄出这个比例啊！

嗯，试了很多次，那是肯定的。不过那些人可不是想发明火药。

那他们想干什么？

发明长生不老药。

啊？！你骗人吧？

　　没骗人！是真的！你大概也听说过，中国古代一直有人梦想长生不老，千方百计地寻找长生不老药。在古代，硫黄和硝石都被认为是可以治病的药材，不过这两种药材有剧毒，不能直接吃，要与其他的材料配合才可以。于是炼丹师们就设计、试验了各种不同的配方。这个不行试那个，那个不行试这个，反反复复，就是为了做出长生不老药。

　　有一天，炼丹师们又琢磨出一个配方，激动万分，连忙小心翼翼地配好几种原料。像往常一样，他们再次满怀希望地把这个配方拿去试，期待这次就能试制成功，然后自己吃了长生不老药，就飘飘成仙，与天地同寿。

谁知配好的原料送进丹炉之后，就听"砰"的一响！

你猜怎么着？

柠檬猜呢，这位炼丹师就算没受伤，肯定也挺惨的，灰头土脸，像刚从煤堆里爬出来一样，浑身黢黑，满脸惊恐。

啊！就是他弄出火药来了吧？

 是的！你真聪明！

炼丹师是想做长生不老药，这"砰"的一响的玩意儿，他自然没兴趣，再接再厉，搞他的"仙丹"，哪里跌倒就从哪里爬起来。可是有些军人听说了这个消息，立刻来了精神，心想这东西威力劲爆，要是做得大一点，用到战场上，来它一家伙，不是比我们挥舞大刀、开弓放箭厉害多了吗？

于是，他们找到了那位倒霉的炼丹师。炼丹师倒是还记得当时的配方。于是，"四大发明"之一的火药就此诞生。

柠檬说的都是一千多年前的事儿了。在隋代就已经出现了火药的原始配方。到了唐代，火药的配方渐渐被固定下来。到了宋朝，霹雳炮、震天雷、铜火铳等早期的火器已经闪亮登场。

古代火器

公元1260年，元世祖忽必烈率军侵入阿拉伯地区，在与叙利亚军队的交战中，打了一个大败仗。大量的火药和火器被叙利亚军队缴获，从此火药传入阿拉伯地区。随后，在阿拉伯人与欧洲人的战争中，火药被传入欧洲。

火药在欧洲得到了极大的发展，自 18 世纪末期开始，欧洲化学家加以改进，陆陆续续发明了很多种威力更大的炸药，其中最出名的是诺贝尔改进的硝化甘油炸药和威尔伯兰德发明的 TNT 炸药。这些炸药更厉害啦，也比火药性质更稳定，很快就在军事上大显神威。

缤纷色彩谁来"画"

嗖，嗖，嗖，几枚礼花升空，

哗，哗，哗，五颜六色绽放。

柠檬，你看！好漂亮的烟花啊！嚯！红的、蓝的、绿的！

你看！那边还有金色的、紫色的！呵呵，别人放花炮，你这么聪明，可以知道其中的奥妙。其实烟花和鞭炮的制作原理是一样的，在鞭炮中加入镁，鞭炮就能发出耀眼的白光。

那各种颜色又是怎么来的呢？

你想想啊，我们其实讲过了。

嗯……是焰色反应，对吗？

哈哈，你真是个小机灵鬼！

　　五颜六色的烟花，正是利用了焰色反应。在火药中加入钠，烟花会放出黄光，加入铷，会放出紫光……下面的表格告诉你加入不同物质放出的颜色。

钠	锂	钾	铷	铯	钙	锶	铜	钡
Na	Li	K	Rb	Cs	Ca	Sr	Cu	Ba
黄	紫红	浅紫	紫	紫红	砖红色	洋红	绿	黄绿

发生焰色反应也是有条件的，那就是要有很高的温度。一颗礼花弹飞上天，瞬间变成五颜六色的星星点点，你可不要小瞧这些星星点点，它们的温度可以达到上千摄氏度呢。这下你知道了吧，为什么礼花弹一定要先飞到很高的空中才能绽放。当那些焰火的残渣掉到地上时，它们内部的温度也可以达到 300 摄氏度，这可绝不是"有点烫"哟。所以，燃放烟花，尤其是礼花弹这样的大型烟花时，一定要和周围的建筑保持安全距离。

另外，在燃放烟花爆竹的时候，会产生大量的有害物质。比如前面反应方程式中给出的硫化钾（K_2S），腐蚀性就超强。它会刺激眼睛、鼻子和咽喉，还会引发喷嚏、咳嗽和喉炎等。高浓度的硫化钾可能灼伤眼睛和皮肤，如果吸入肺部，还会引起肺水肿。除了硫化钾以外，在燃放鞭炮的过程中，还会产生二氧化硫、硫化氢、一氧化氮、二氧化氮等有毒有害气体以及大量的细颗粒物（PM2.5）。这些都会造成空气污染，危害人体的健康。所以，还是尽量不要燃放烟花爆竹。

那，那我们就不放了。剩下这些先拿回家吧！

 好呀，好呀！你真是个懂事的好孩子！

今天也很有收获！知道火药居然是误打误撞发明的！呵呵，有意思！

 不止火药啊，哥伦布想去找印度，结果发现了美洲大陆。一位斯宾塞先生，想发明新型雷达，结果造出了微波炉。

啊，这么好玩？太强大了！

 是啊，只要你有一颗好奇的心，不怕困难，总会有令人惊喜的礼包掉到你的面前！

可不是嘛！我们今天本来是出来放花炮的，结果花炮又给抱回家了，却意外学到了花炮里面的奥妙，也是意外收获啊！

 柠檬悄悄话

　　PM2.5 你一定听说过吧，知道它是什么东西吗？想了解更多，请阅读本套书《地球，太有趣了！》第 14 章 "PM2.5 军情解码"。

第 **4** 章

O：拜托！别叫我"欧"

柠檬，你看这化学元素周期表！唉，感觉它们认识我，可我不认识它们。

 没关系！我们可以去认识它们啊。

 可是，这么多。

 也没关系！我们可以挑一些有趣的、有料的、有秘密的，先来认识一下！嗯……比如这个第 8 号元素——氧。

 氧？就是氧气吗？其实，我早就知道，我们呼吸就是吸进氧气，呼出二氧化碳。可我不知道为啥要吸进氧气。

 嗯，我可以告诉你。

 我还老听人开玩笑，说"你大脑缺氧啊"，就是讽刺人脑子不好使，犯糊涂，可我不知道为啥脑子缺氧，人就会犯糊涂。

 哦，那柠檬就告诉你，在我们的身体里——

氧到底干了点啥

现在的小孩儿都不得了，懂的特别多！

你小时候，大概就看过图画书，知道心脏把新鲜的血液——含氧多的血液，送到身体各处。身体使用过后，把不新鲜的血液——含氧少、含二氧化碳多的血液，送回心脏。心脏又把不新鲜的血液送到肺部。在肺里，血液重新变得新鲜——含氧多，含二氧化碳少。在这个过程中，我们呼吸，把氧气吸进来，把二氧化碳呼出去。

我们知道，人需要氧气，每时每刻都要使用氧气。

可到底用氧来干吗？它到底对我们有什么用？以前，没人跟你说，现在柠檬告诉你：

我们吃进米饭、馒头、面条，这些食物在人的身体里，最终被消化、代谢成葡萄糖，葡萄糖的分子式是 $C_6H_{12}O_6$。氧气可以帮助身体分解葡萄糖，把它转化成能量。氧气怎么弄的呢？

化学家这么写：

$$C_6H_{12}O_6 + 6H_2O + 6O_2 \longrightarrow 6CO_2 + 12H_2O + 大量能量$$

说的是这回事：

葡萄糖 + 6 水 + 6 氧气 反应生成 6 二氧化碳 + 12 水 + 大量能量

俗话说"人是铁，饭是钢，一顿不吃饿得慌"。这还真不是馋猫、吃货们给自己找的借口。上面的那个化学反应式，就是这句顺口溜的科学依据。不吃粮食，人就没有力气，没精神，说话都有气无力的，原因就是没人给你提供能量啊！就像汽车不加油，能跑吗？风扇不插电，能转吗？

米饭、面条、馒头、面包等被叫作主食的东西，它们被吃下后，最终被消化、代谢成葡萄糖，为身体提供能量。所以只吃菜，不吃主食，可不是健康的饮食习惯

要是人一天不吃饭，靠消耗体内储存的能量，还是能支撑下来的。可要是没有氧气，那么体内的葡萄糖就无法转化为能量。没有能量的支撑，体内所有的化学反应就都会停止，人会立刻死掉。可见氧气对我们是多么重要。

你站、坐、跑、跳，你唱歌、说话、吃饭、睡觉、干活、看书……甚至你紧张、悲伤、郁闷、生气，吓得浑身是汗，笑得满床打滚……身体里全都发生着不同的、复杂的化学反应。没有氧，这些化学反应统统玩不转。所以，如果大脑缺氧的话……

可有的地方真的会缺氧！比如在高原上，或者潜水时，或者在太空中，没有足够的氧气，那么人就要通过吸氧来为身体补充氧气。

阴

氧气发现史

空气主要由阳气和阴气组成，阳气比阴气多得多。阴气可参与燃烧，而阳气则对燃烧袖手旁观。

南北朝时期的炼丹师马和提出的阴气就是我们现在说的氧气，可惜他没有制备出纯净的氧气。

蜡烛会在这种气体中燃烧，火焰很明亮，老鼠在它里面能存活。

1773 年，瑞典人舍勒制备出了纯净的氧气。1774 年，英国人普里斯特利也制备出了纯净的氧气，还研究了它的性质。

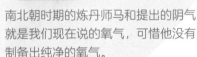

我给它取名

Oxygen

近代化学之父：拉瓦锡

1775 年，拉瓦锡重复了普里斯特利的实验，也制出纯氧，并把它命名为 Oxygen。后世把这三位学者都确认为氧气的发现人。不过拉瓦锡名气大，很多人都认为是他发现氧气的。

有的时候，环境倒是不缺氧，可有些人的心脏或肺生了病，不能为身体提供足够的氧，那么医生也会给他们吸氧。

听到这儿，你可能会想：啊！氧这么重要，那我也背个氧气罐多吸点氧，不是更好吗？中国人说"过犹不及"，这话真对。氧气也不是越多越好。再看看刚才那个化学反应式，每种物质都是有一定数量的。如果你吸入的空气中氧气的含量超过 50%，那么过量的氧气就会与细胞中的其他物质发生化学反应，破坏细胞的成分，导致细胞死亡。这就是氧中毒事件！没有特殊情况，健康的人不要长时间吸氧。

那我们平时呼吸的空气中，氧气的含量是多少呢？

我们周围的空气里，大约有 21% 是氧气。

还好，还好！没有超过 50%。

来，认识一下氧的元素符号，大写的英文字母O。

哦，是"欧"。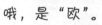

拜托！别念"欧"呀！在化学里，O 代表氧元素或者一个氧原子。O_2 代表氧气。

怎么还有个 2 ？

臭氧臭不臭

氧气是一种无色无味的气体，每个氧气分子中含有 2 个氧原子，所以氧气可以表示成 O_2。

在空气中除了氧气以外，还有臭氧。一个臭氧分子里含有 3 个氧原子，臭氧的分子式是 O_3。之所以叫臭氧，是因为纯净的臭氧有很浓重的臭味。和氧气的无色不同，臭氧是蓝色的。

臭氧真的臭吗？

 化学家不随便冤枉人，叫它臭氧，真是因为它臭，还挺冲鼻子的！

哦，我听电视里说要保护臭氧层，又在空气质量预报里听见，有时首要污染物就是臭氧。到底臭氧好不好呀？

 也好，也不好——

臭氧不光臭，还有强烈的刺激性，它几乎能与任何生物组织发生化学反应。这一条厉害了！当臭氧被吸入身体后，它会立刻与细胞中的物质进行化学反应，造成细胞死亡。所以，你说它好不好呢？

妈呀！可不怎么好呢。

 不过，那也要看是让谁的细胞死亡——让细菌和害虫的细胞死掉一些，对人还是有益的。利用这个性质，人们通常会用臭氧来消毒、杀菌，还可以给农作物除虫。

哈！这可真不错！

 不过，不用太担心，因为我们身边的臭氧很少。

　　大气层中的臭氧主要集中在距地球表面 20 千米的臭氧层里。臭氧能吸收紫外线，保护我们不受紫外线的伤害。不过由于人类的工业活动，现在地球的臭氧层越来越薄，甚至在南极上空出现了臭氧空洞。为此，保护臭氧层成为各国的共识。人们想尽一切办法，比如推广使用无氟冰箱、空调，来减少氟利昂等物质对臭氧层的破坏。联合国还把每年的 9 月 16 日定为"国际保护臭氧层日"。

　　尽管需要保护，臭氧也不是越多越好。它和二氧化碳一样，也是一种温室气体，过多的臭氧会加重地球的温室效应。

唉，真像你说的，没有什么东西是绝对的好，也没有什么东西全都是缺点。

对！凡事都有两面。我们说了氧很重要，一时一刻也离不了。可它也不是只干好事，不干坏事的。

你不是说了吗，吸入多了，就氧中毒？

柠檬悄悄话

　　紫外线是什么？它对人有什么不好？——会把人晒黑？对，还有呢？想要知道的话，就请看本套书《物理，太有趣了！》第 10 章"为什么我的微信刚好飞进你的手机？"

　　温室气体有哪些？它们怎么给地球弄出温室效应了？本套书《地球，太有趣了！》第 13 章"糟糕！地球发烧了"会告诉你。

化学世界的淘气包

氧屡教不改，一不留神犯的错误就是生锈。家里的铁锅，如果长时间不用就会生锈。铜也很容易生锈，铜锈呈现绿色，也就是俗称的铜绿。银也会生锈，用银子做的手镯、项链一旦生锈就会变黑，失去金属的光泽，就不漂亮了。

生锈的实质，就是这种金属与氧发生了化学反应，也可以说是氧化反应。

比如铁（Fe）和氧气发生化学反应，生成了氧化铁 (Fe_2O_3)。它是一种棕红色的粉末，就是俗称的铁锈。它不像铁那么坚硬，很容易脱落。恼人的是，如果不及时去除铁锈，那么它会加速铁和氧气的化学反应，让生锈的速度变快。

铁生锈

银生锈

生锈如此可恶，那怎么才能防止生锈呢？办法嘛，总是有的。

(1) 把锰、铬、镍等金属加到铁里，制成不锈钢。不锈钢的分子结构和普通的铁不同，不太容易生锈。

(2) 在铁的表面刷一层油漆，空气中的氧气接触不到铁，没有机会下手，就不会生锈。路边的防护栏、汽车外面的油漆，都是用的这一招。

(3) 用电镀的方法在金属的表面镀一层膜，比如锌、铝等。这些金属都是不爱生锈的，可以防止铁与空气接触。

汽车不易生锈是因为在铁的表面刷了一层油漆，使铁接触不到空气中的氧气

我觉得，氧就像化学世界里的淘气包。

 嗯，差不多。氧的化学性质很活泼，见了别人就握手拥抱，可以和许多物质结合在一起，也就是发生化学反应。

有时候，这样的化学反应挺好，对人有用。有时候，这样的反应就是招灾惹祸啊。

 你在广告里，听说过一些产品可以对抗衰老、去除皱纹，说这些东西可以"抗氧化"，说白了就是不让氧再作案。

哈！氧这个家伙，好事少不了它，坏事它也干。

第 5 章

氢元素的告白

"氢氢的"我走了，正如我"氢氢的"来。

谁呀？谁在说话呢？

 是呀？这是谁在念徐志摩的《再别康桥》呢？

 是我呀！氢元素。现在，我要走了！

你要走？你去哪里呀？

 我要离开地球，去往浩瀚的太空。

别，别走呀！怎么刚认识，就要走呢？柠檬，你傻站着干吗？帮我拉住它呀！

 唉，也是没办法的事！

怎么没办法？你把它拉回来不就得了？这有什么难的？

 是这样的——

地球留不住我

我，氢元素，是元素周期表的排头兵，质量最小的元素。气体形态的我的质量只有同样体积的氧气质量的 1/16，是最轻的气体。

你们人类说的"身轻如燕、临风飞举、飘飘欲仙"，用在我身上最合适了。因为我的质量太小了，以至于地球引力根本无法吸住我，我很容易就飞进太空。

可是宇宙又大又黑又冷，多孤独啊！你别走了！我，我们想想办法把你留住，好不好？

谢谢！你真可爱！可你有所不知，我在宇宙里，一点也不孤独。因为——

宇宙里有大量的恒星、星云和星际物质，它们都是由我和"老二"组成的，而且我还占绝对主要的地位。哦，"老二"就是排在元素周期表第二位的元素。"老二"是我对它的昵称，你们人类叫它"氦"。自豪地告诉你，我占宇宙总质量的 75% 呢！

对地球来说，留住我很难，可对太阳、木星这样的大质量星体来说，就是小菜一碟！它们的质量足够大，把我吸得牢牢的。在地球上，除了化学实验室，你很难找到我单独的气体形态。在太阳

里，大约 3/4 的质量来自我，而在木星、土星、天王星、海王星这样的行星里，我都能占到 80% 左右的质量。宇宙里的其他恒星以及不少行星里，都"大有我在"。

　　所以，你别担心！我在这儿才是"少数民族"。到了太空，我真的一点也不孤独。再见，我走了！

哎，别急嘛！难得来地球一趟，别急着就走。我们地球也挺好玩的，远方的客人请你留下来！

哈哈，你说什么？我是远方的客人？

它可不算是，它应该是地球的原住民。

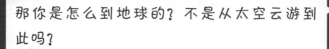那你是怎么到地球的？不是从太空云游到此吗？

我最早诞生在一位医生的诊所里，不过他让机会轻轻溜走。我又无数次在化学家的仪器里钻进钻出，但他们都对我很轻视。英国人卡文迪许倒是把我收集起来，上上下下仔细打量，可惜还是轻描淡写。最后是拉瓦锡认定我的地位，也让他自己"氢"史留名。

哇！

氢气的发现，还真是一个曲折的故事。我们还是听氢自己说吧！

发现我，不轻松

历史上第一次有文字记载的发现氢气的人，是一个瑞士的医生，他叫作帕拉塞斯。帕拉塞斯医生生活在 16 世纪，他在实验记录本上，这样记下了他的发现："把铁屑投到硫酸里，就会产生气泡，像旋风一样腾空而起。这种新产生的气体可以燃烧。"

唉！他都看到了我轻灵飘逸的身影！遗憾的是，这位医生的病人实在太多，忙得他没有时间去进一步地研究我。要不然，到今天，他的大名也会被写进教科书啦。

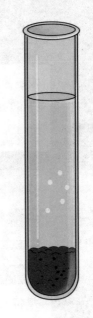

试管里，正在进行酸与铁的化学反应。液体中汩汩冒出的小气泡正是本文的主角——氢气

水的生成者

到了 17、18 世纪，有很多人重复了类似的实验。但当时的人们认为气体是无法收集的，最让我伤心的是，他们当真拿我当空气呀！认为我和空气没有区别。天呐！我是多么特别的气体啊！错误思想使得很多人放弃了对我的认真研究，也使得我的发现时间整整推迟了 200 年。

到了 18 世纪后期，英国大名鼎鼎的卡文迪许终于开始对我产生兴趣了。他通过化学反应制造出我的气体，并且把它们收集起来进行研究。他发现我这种气体不像氧气那样可以帮助蜡烛燃烧，也不能帮助动物呼吸；如果把我和空气混合在一起，点火就会爆炸；我在空气中燃烧后的产物是水。

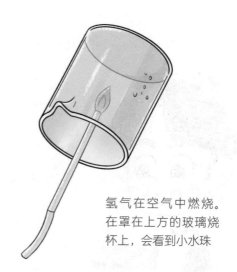

氢气在空气中燃烧。在罩在上方的玻璃烧杯上，会看到小水珠

我满心以为，这次我就能登堂入室了。这不明摆着，我就是一种崭新的元素嘛！谁知固执的卡文迪许坚持认为水才是元素，认准一条死理：我——这种新发现的气体，不可能是元素。没法子了！他作为物理学家和化学家的成绩单上，注定缺少一项：发现并命名新元素。

1787 年，拉瓦锡重复了卡文迪许的研究。谢天谢地！他终于认为我是一种新的元素了。由于我这种气体燃烧后会产生水，所以拉瓦锡为我取了个美丽又大气的名字："水的生成者。"威武吧？我的拉丁文名字 hydrogenium 也正是得名于此。

还是中国人直截了当！因为我是元素周期表中最轻的元素，所以中国人干脆叫我"氢"，还给我戴了顶气体帽子！也有道理——常温下，纯净的我以气体的形式存在嘛！

我就在你身体里

我说地球很难留住的是我的气体——氢气。每个氢气分子里，

你吃的东西都要靠胃酸帮助消化，胃酸的主要成分就是盐酸

包含 2 个氢原子，分子式是 H_2。

我的化学性质很活泼，几乎可以与所有的元素发生化学反应。我极易燃烧，别看我又轻又小，脾气可是麻利利、火爆爆，点火就着！氢气在氧气中燃烧会生成水。要是把我与空气混合，那你可要小心点！一旦混合气体遇到明火——砰！立马就爆炸。

看看我和氧气发生的化学反应，一睹"水的生成者"的风采。

化学家这么写：

$$2H_2 + O_2 = 2H_2O$$

说的是这回事：

2 氢气 + 氧气 反应生成 2 水

我和氯气发生化学反应的产物就更厉害了！叫氯化氢，溶于水就是盐酸，腐蚀性强着呢！你吃香喝辣就靠它解决呢。你的胃酸主要就是它哟！不知道吧？是这样的：

化学家这么写：

$$H_2 + Cl_2 = 2HCl$$

说的是这回事：

氢气 + 氯气 反应生成 2 氯化氢

在酒精（C$_2$H$_5$OH）、葡萄糖（C$_6$H$_{12}$O$_6$）里，你都可以看到我的身影——端端正正，傲然挺立的大写 H 就是我！在你的身体中，有好多好多的我，和碳、氧等一样，我是人体必需的元素。

好了，我要走了！我要去壮烈牺牲，完成使命，光芒万丈，轰轰烈烈！

天呐！你说什么呀？

是真的。在一定条件下，4 个氢原子核会聚变成 1 个氦原子核。这叫核聚变反应。在这个过程中，会释放出大量的能量。利用核聚变反应，科学家们研制出氢弹，是目前地球上威力最大的炸弹。

小胖子说得没错！太阳和所有的恒星上，时时刻刻都在发生核聚变反应。这些核聚变反应为太阳提供能量，使得太阳能够发光发热。

这样，我们地球上的生命才能生存。要是有一天太阳上的核聚变反应停止了，那么地球的末日也就到来了。

核聚变反应算是一种惨烈的化学反应吧？

 核聚变反应不是化学反应。因为化学反应是发生在不同原子之间的，原子内部的结构并不会发生任何变化。而核聚变反应则直接打破了原子的界限，生成了新的原子。

可还是挺惨的！反应之后，4个氢原子就不存在了……想想多让氢伤心！

 是呀！那就看着美丽的朝霞和绚丽的晚霞吧！那就是氢变氦发出的光芒。

第 6 章

神勇干"碳"

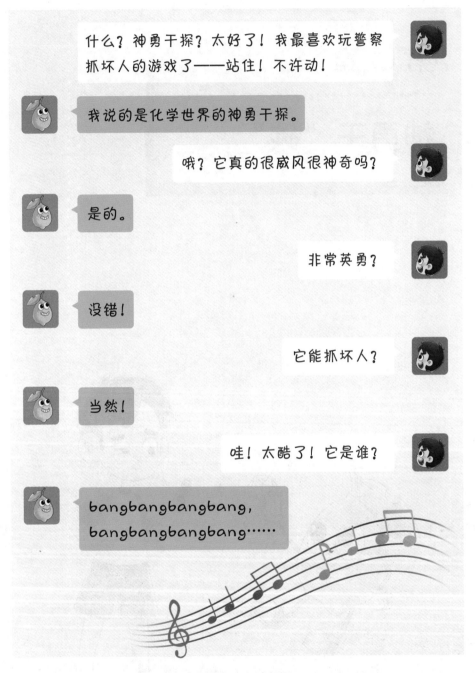

　　婚礼上，一对新人在亲朋好友的祝福中，结成百年之好。他们互相交换的戒指上，一颗晶莹璀璨的宝石，就是我们今天的主角。

啊？那不是钻石吗？钻石怎么会是神勇干探呢？

别急！你听我说嘛。钻石是它在珠宝界的名字，在化学世界里，它叫——金刚石。

神奇之石

听听！这个名字——金刚石，多彪悍！

金刚石铮铮铁骨，宁折不弯。它是世界上最硬的天然矿石。中国人说"没有金刚钻，别揽瓷器活"。想切割玻璃，只有用金刚石。它的英文名字 diamond 源于古希腊语 adamant，意思是坚硬不可侵犯的物质，是举世公认的宝石之王。

晶莹璀璨的钻石，象征着勇敢、权力、地位和尊贵

经常有人把钻石等同于金刚石。这个说法对于化学家来讲，不能算错误；但对于珠宝工匠来说，有点伤自尊——好比说家具等于木头。钻石是金刚石精加工而成的，比如制成圆形、椭圆形、心形……各种形状，都好漂亮，好闪烁啊！

哎，柠檬，你别陶醉了！这跟神勇干探有什么关系？

晶莹璀璨的钻石，象征着勇敢、权力、地位和尊贵。这是它神奇的一面。下面我来说它的"勇"。

不是匹夫之勇

刚才说它是世间至坚，其实，它还有顺滑柔软的一面。不过，这时它就不叫金刚石了，叫石墨；也不再晶莹剔透、璀璨闪耀，而是低调深沉的黑色。它真是勇啊！导电性极好，还耐腐蚀，可以做坩埚、做电极、做润滑剂。

它的勇，不是匹夫之勇，而是有勇有谋，刚柔相济。它做金刚石的时候，可以坚硬无匹，而它做石墨的时候，就软到轻轻在纸上一涂，就掉下一层来。你最最熟悉，每天都离不开的铅笔芯，就是石墨做的。

石墨，黑乎乎的一大块。你能把它和前面璀璨闪耀的钻石联系起来吗？

石墨，听起来很陌生的名字。你每天用的铅笔芯就是石墨

什，什么？我没听错吧？铅笔芯和钻石，是同一种东西？不会吧？

 是，化学成分都是一样的。

啊？天呐！这也差太多了！铅笔多便宜啊！
钻石多贵啊！真的吗？你没弄错？

没错，千真万确！

王子的弟弟是乞丐

这件事是法国人在 18 世纪发现的。最先是拉瓦锡。对！就是那个给氧气命名，还发现了氢气的拉瓦锡。

说起来，拉瓦锡的做法真叫一个败家——他直接把钻石点着了，而且烧得干干净净，渣都不剩。

他发现，钻石燃烧后会生成一些气体。这些气体不溶于水，与碳燃烧后生成的气体的化学性质一样。进一步的研究发现，同样质量的钻石和碳，燃烧后产生的气体的量是相等的。据此，科学家认为，钻石的主要成分就是碳。

拉瓦锡的败家实验启发了其他人。1786 年，另外 3 位法国科学家用同样的方法证实了石墨的主要成分也是碳。

哇！难以置信吧？昂贵稀有的钻石和廉价平凡的铅笔芯，竟然本是同根生！这简直像童话里，骄傲的王子忽然间找到了一个失散多年的乞丐弟弟。

惊讶过后，立刻有脑子快的人想到，既然钻石和石墨都是一家子，那么它们之间是不是可以互相转换呢？当然可以！很快就有人发现，在隔绝氧气的情况下，把钻石加热到 2000 摄氏度以上，钻石就变成了石墨。

 哎呀妈呀！陪本了！钻石变成了铅笔芯，这不是陪了血本了？！能不能反过来？把铅笔芯变成钻石，那不是发财了？

 是啊！谁都想这样嘛。不光你想，我想，这个想法也吸引了无数的科学家。

其中最执着的要数法国化学家莫瓦桑了。

莫瓦桑一生中最大的贡献有两个：一是他分离出了纯净的氟，这是一种很难制备的化学元素；另外一个是他发明了莫式电炉，把实验室内能达到的温度提高到了 2000 摄氏度以上，这在 100 多年前是非常了不起的。莫氏电炉的出现让许多无法完成的实验，可以顺利进行。

莫瓦桑因为这两个贡献获得 1906 年的诺贝尔化学奖。不过让人们最为津津乐道的并不是这两大贡献，而是他用他的电炉制造出了金刚石。

和众多化学家一样，莫瓦桑也想用石墨来制造金刚石。在发明了莫氏电炉以后，莫瓦桑认为用自己的莫氏电炉可以完成这种"点石成金"的壮举。于是他设计了一个实验，并让他的助手帮他完成。可惜，实验失败了。莫瓦桑不死心，又重新设计实验，继续让助手来做。

屡战屡败，屡败屡战。终于在经历了无数次失败之后，在1893年的一天，莫氏电炉造出了一颗金刚石！

　　消息一出，哗——找上门来的企业家，差点没挤破门，都想跟他合作生产金刚石。可惜昙花一现，打那之后，包括莫瓦桑自己在内，再也没有人能制造出新的金刚石。

　　直到莫瓦桑去世以后，他的助手才揭开了这件事情的真相。原来莫瓦桑一次次地让自己重复同样的实验，把他都给烦透了。而莫瓦桑偏偏又很执着，就是不肯放弃这个没完没了、看不到头儿的实验。终于有一天，助手崩溃了！忍无可忍之下，他偷偷地把一颗天然金刚石放进炉子里。于是莫瓦桑"成功"了，助手解脱了。喏！这就是莫瓦桑"制造"出来的那颗金刚石。

噢，敢情是假的啊！就是嘛，哪里有这样的好事——把铅笔芯做成钻石？！要真能这样，我把我全部的铅笔都拿去做金刚石！

也不是做不出金刚石，只不过——

以莫瓦桑当时的实验条件，根本不可能制出金刚石。现在我们知道，要想人工制造金刚石，必须有高温和高压的条件才行。1955 年，美国科学家霍尔等在 1650 摄氏度和 95000 个大气压的条件下，制出了人造金刚石。这是人类首次制出人造金刚石。

哈！你还跟我说什么神勇干探，原来就是炭啊？你早说就是那种黑乎乎的，能烧着取暖，涮火锅时用来烧的东西，不就完了？还忽悠我，说什么神勇干探！

不，我要说的，不是炭，不是煤炭的炭，是碳——

结识神勇干"碳"

碳是一种化学元素，它的元素符号是 C。人们最早认识碳，是通过煤和木头得来的。在中文里，"碳"字就是"炭"边上加个"石"。石字旁表示这种元素是非金属，而且常温下是固态的，碳的英文名称 carbon 来源于拉丁文中煤和木炭的名称 carbo。

对地球上的生命来讲，碳有重大且特殊的意义——碳是生命的骨架。

无论是动物、植物，还是细菌、病毒，构成这些生命的分子大部分都是有机分子。有机分子有一个共同的特点，就是分子中都含有元素"碳"。可以说，碳是有机分子的骨架。为什么这么说呢？让我们看看葡萄糖和精氨酸（人体必需的一种氨基酸）的分子结构图。图中每一个红点处都有一个碳原子，碳原子组成的长链成为有机分子的骨架，可见碳在有机分子中的重要作用。从这个意义上讲，我们可以把碳称为"生命的骨架"。

葡萄糖

精氨酸

　　地球上所有的生命，小到病毒、细菌，大到鲸鱼、大象，都是由以碳为骨架的有机分子构成的。

　　有机分子与我们人类的生活息息相关，所以化学家们专门开辟了研究有机分子的化学分支——有机化学。在有机化学的帮助下，人类制造出了塑料、尼龙这样美观、结实又便宜的新材料；在有机化学的帮助下，人类制造出了各种药品，治疗和缓解病痛；在有机化学的帮助下，人类制造出了各种化肥、农药，提高了农作物的产量，让我们吃饱穿暖。

　　有机化学的发展为揭示生命的奥秘，提高人类的生活水平做出了巨大的贡献。

一按就粘上，"刺啦"一声揭开，搭扣就是尼龙做的，里面就有神勇干"碳"

你说，碳能干不能干？说它是化学界的神勇干"碳"，是不是很贴切？

嗯，可是，可是……它不会抓坏人啊。

谁说它不会抓坏人啦？不光会抓，能抓，而且一抓一大把！

碳：我不止有一面

看看你家的除味剂，冰箱、洗手间、汽车、空气净化器里都可能有，也叫活性炭吸附剂。里面是什么？黑乎乎、粉末状的，可别说是黑土，那就是碳啊！它是石墨的另一张脸孔，商品名叫活性炭。它可是抓坏人的高手！吸附力特别强，什么怪味道、有害气体、微小的脏东西啊，统统生擒活捉、手到擒来。

有人戴的口罩黑黑的，不是脏，那就是活性炭。可以吸附微小脏颗粒和异味

你看，谁说神勇干"碳"不会抓坏人呢！

真的呀，太厉害了！它还有这副模样？

纯净的碳可以千变万化，以不同的面貌呈现给世人。像一个千面多变的警方卧底，可以有各种装扮。上得厅堂，下得厨房。这些不同的面貌赋予了碳各种不同的物理和化学性质。对碳的研究至今还是科学的前沿领域。

哇！还是前沿领域呢。真棒，果然神勇！

 没骗你吧？

嗯，来！我送你一幅小克我的墨宝。

 啊?！铅笔写的？人家说的墨宝都是毛笔书法哎。

也对呀！我这也是墨宝。你能弄出个神勇干"碳"，还不许我弄个墨宝吗？谁说墨宝一定要用墨汁了，石墨不行吗？铅笔芯不就是石墨吗？

第 **7** 章

阳光下的宝藏

哎！柠檬，你说碳是生命的骨架，每一个细胞里都含有很多的碳，是吗？

 是呀。

可是，这些碳是从哪里来的呢？怎么进到我们的身体里的？我们并没有吃过那些黑乎乎的炭啊！

 哈哈，你还是觉得碳就是炭。炭只是碳元素的一种形式，碳有很多面貌，我们虽然不吃用来烧的炭，可你吃的西红柿、大白菜、紫甘蓝、白米饭、鸡鸭鱼肉里都有碳呢！

哦？那西红柿里的碳是从哪里来的？

 嗯，你可以猜一猜呀！植物里的碳，可能会从哪里来呢？一棵参天大树，它从小树苗开始一点点地长大，身体里积累了大量的碳，谁给它源源不断地输送了这么多碳？

是土壤吗？

 为什么你会认为是土壤呢？

植物种在土地里嘛！而且你看，种庄稼的时候，我们要向土壤中施肥啊！

听起来有道理！但——

真的是土壤吗？

恐怕很多人都认为这个问题的答案是土壤。支持这个观点的还有古希腊哲学家亚里士多德，他也认为：植物生长所需的物质全部来源于土壤。不过到了 17 世纪，有人开始怀疑亚里士多德了。

比利时科学家海尔蒙特就是其中之一。要反对您得有证据呀！海尔蒙特花了 5 年时间做了这样一个实验：他先在一个木桶里装上土，并且仔细称量了木桶和土壤的质量。然后，他在木桶里种了一棵重 2.5 千克的柳树苗。

以后，他每天都给树苗浇水，但并不松土施肥，为了防止灰尘落入，他还专门制作了桶盖，把木桶盖得严严实实的。五年以后，柳树长高长大，足有 70 多千克重。可是土呢？木桶里土壤的质量却只减少了 0.1 千克。

从这个实验可以看出，对于柳树的生长，土壤肯定有贡献，但不是全部来源。瞪大眼睛，四处找找，植物周围还有谁可能给它偷偷开小灶？

小柳树 2.5 千克　　　泥土 90 千克　　　　　木桶

盖上盖子

5 年后

柳树重 70 多千克
泥土仅减少 0.1 千克

水呀！不是还要每天给树浇水吗？

前面柠檬讲了，水是怎么来的——氢气在氧气里燃烧，生成水。水的化学成分就是一个氧原子，一手一个，拉着两个氢原子。你看看，水可能给植物提供碳吗？

不可能！它自己还没有呢，不可能做这种好人好事。

那再想想，还能有谁？喂！不要盯着柠檬的脸，去看看植物周围还有什么？

有空气！空气里不是有二氧化碳吗？

厉害！你太聪明了！

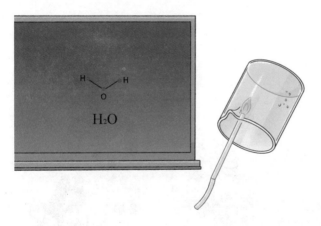

$$2H_2+O_2 \xrightarrow{\text{点燃}} 2H_2O$$

植物的私房小厨

知道吗？就这么短短的几分钟里，你跨越了人类大约 150 年的探索，多值得骄傲啊！

看着一棵亭亭玉立、果实累累的植物，人们欣喜之余也纳闷：这树干、这枝叶、这花、这果，都是哪里来的？谁给提供的营养？

随着化学的不断发展，人们认识到，水（H_2O）的化学成分太简单了，不可能全靠它就长出一树繁花。大约经过 150 年，人们才逐渐认识到，空气中的二氧化碳（CO_2）是植物生长的主要原料之一。

可是二氧化碳这道"菜"，植物是怎么吃的呢？

又过了大约 100 年，人类才琢磨透植物的"烹饪厨艺"。要"吃"二氧化碳，不清炖、不红烧，就着阳光，喝点儿汤。上菜咯——

化学家这么写：

$$6\,H_2O + 6\,CO_2 \xrightarrow{\text{光照}} C_6H_{12}O_6 + 6O_2$$

说的是这回事：

6 水 + 6 二氧化碳 在阳光下反应生成 葡萄糖 + 6 氧气

植物们的这种"吃法"叫光合作用。太阳光提供能量，植物利用这些能量将二氧化碳、水合成为有机化合物，并释放出氧气。光合作用必须在叶绿素的帮助下才能进行。正是因为叶绿素的存在，我们看到的树叶才是绿色的。

光合作用是一系列复杂的化学反应的总和，综合起来，可以写成上面那个比较简单的样子。

生成物里有氧气，还有葡萄糖？

 对！

为什么有葡萄糖？这个东西除了甜还有什么用？

 提供能量呀。

　　生物活动所需要的能量，都是由糖类化合物提供的。葡萄糖就是糖类化合物的一种。不仅如此，生命体必需的核酸、蛋白质等大分子的生成，也必须以糖类化合物为基础。

　　光合作用不仅能在绿色植物中进行，有些藻类也可以进行光合作用。动物是无法进行光合作用的，也就是说，我们没福享受阳光下的免费午餐。怎么办？只能通过吃植物或藻类来获取糖分。所以，可以说，光合作用是地球的"首席总厨"。地球上所有生命所必需的糖类化合物，都是光合作用产生的。要是没有光合作用，植物就活不了，动物们也没得吃。

远古时存下的一笔巨款

　　光合作用在提供了大量的糖类化合物的同时，也把太阳能转化为了化学能，并且把这种化学能固化在动植物的身体里，所以树会长，鸟会飞，花会开，马会跑。这些能量是所有生命活动所需能量的来源。可一旦生命活动停止，说得伤感点，就是死掉的时候，这些能量呢？没跑，还在！

　　煤炭就是由古代植物的尸体形成的。随着古代植物的死亡，它们的枝叶和根茎会在地面上堆积出一层厚厚的黑色的腐殖质。这些腐殖质由于地壳的变动被埋入地下，长期与空气隔绝，在高温高压下，经过一系列复杂的物理化学变化，就形成了煤炭。

　　同样，古代生物的尸体经过类似的变化，会形成石油和天然气。

无论煤炭、石油还是天然气，归根到底都来源于远古植物的光合作用，把太阳能固化为化学能来供我们使用。可以说是太阳光在远古时期，为地球收藏的大批珍宝，存下的一笔巨款。我们把这三种物质统称为化石能源。它们是现代社会主要的能源来源。

化石能源的消耗占全世界能源总消耗量的 80% 以上。从这三种能源的形成机制，我们可以看出，无论是煤炭、石油还是天然气，它们都是远古生物的遗骸形成的，它们的储量都是有限的。

据统计，目前世界上已知的石油的储量按照当前全球的消耗量测算，大约还可以使用 50 年，天然气还可以开采 50 年，煤炭稍多，不过按照现在的开采速度，它也会在 139 年后盘干碗净。

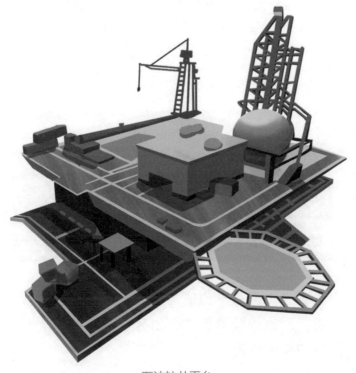

石油钻井平台

说到这儿，就有点让人着急了。无论化石能源，还是木材，都总有用完的那一天。更让人担忧的是，燃烧这些化石能源不光给我们提供能量，同时也带来了很多污染物。其中最主要的就是二氧化碳，它能使气候变暖，产生温室效应。真让人头疼！还有一种叫二氧化硫的，也不是什么好东西。它很容易与空气中的水结合成硫酸。硫酸很吓人！有强烈的腐蚀性。空气中的二氧化硫增多，会严重影响人的健康，而且还会破坏环境。

 柠檬悄悄话

　　暖和点儿有什么不好？温室效应会怎么样？地球上的温室效应凭什么就赖到人家二氧化碳的头上？本套书《地球，太有趣了！》第13章"糟糕！地球发烧了"会为你一一说明。

 煤炭燃烧会产生大量的二氧化碳和二氧化硫。很遗憾的是，在我们国家北方地区冬季取暖主要靠烧煤，不烧还不行。

那看来真的要节约能源了！一方面要省着点用，别很快就给用光了；另一方面也可以少制造点污染物。

是的，你说得很对！

用太阳能会不会有污染呢？可不可以用太阳能呢？

 太阳能是一种清洁能源，而且取之不尽用之不竭。人们一直想直接利用太阳能，现在我们可以用太阳能烧水和发电，应用太阳能的技术也不断成熟。

等我长大了，我要发明超级太阳能装置，一个是太阳能自动值日机，利用太阳能替我把值日给做了……

 哇，太棒了！

还有一个是太阳能陪我玩机——一个机器，在太阳下晒晒，就能陪我玩了。

 哎？这样的操作也行？

第**8**章

大模大样写秘密

哈哈！柠檬，你在写什么？

 嘘！秘密！

搞什么？什么都没写。

 写了，写的都是秘密！天知地知我知你不知。

喂，不带你这样的啊！我弄个石墨"墨宝"，是脑筋急转弯。可没有空气墨宝。

 我真的写了，写了好多呢！都是秘密，只不过，别人看不见。

那谁都看不见，要是你自己也忘了写了什么呢？

 我有办法啊！现在给字穿上哈利·波特的隐身斗篷，别人看不见。想看的时候，再让字显现出来。

哇！真有你的！怎么弄的？

 不知道吧？化学家的手里有一条"变色龙"！

从伦敦奥运会上的紫色说起

先考考你的记忆力：还记得 2012 年伦敦奥运会场馆的背景颜色是什么吗？使劲儿回想！

记不得了？那告诉你吧，是紫色。

不喜欢这种颜色吗？是有点暗，不像咱中国人喜欢的大红那样喜气洋洋，也不像蓝色、粉色那般明快亮丽。为什么是它？因为紫色身世传奇，曾经带来财源滚滚，至今象征身份高贵。

LONDON2012

1856 年的一天，一个梦想成为化学家的 18 岁大男孩威廉·珀金正清理乱糟糟的实验室。他本想用硫酸清洗一团黏黏糊糊、挺腻歪的玩意儿，可是没想到化腐朽为神奇的事情发生了：居然出现了一种怪好看的颜色——就是我们后来看到的紫色。那年头儿，还没有价格便宜的紫色染剂。珀金的意外发现，让他大发横财，赚得盆满钵满。

当时的英国女王维多利亚，也爱上了这种美丽的新颜色。她特地制作了一套淡紫色的礼服，并穿着它出席公共场合。这种颜色立刻风靡英伦，成为一种时尚，也成了尊贵的象征。所以伦敦奥运会，为了表达对各国来宾的敬意，场馆里使用了这种在英国人心目中不同凡响的颜色。

啊！真没想到，原来奥运会上的颜色，还有这样的来历。

我说得没错吧？化学家手里有一条神奇的"变色龙"。再看看，还能变出什么颜色？

你见过交警"查酒驾"吗？就是检查司机有没有酒后开车。司机对着那个小盒子一吹气，警察立刻拿过去看。看什么？上面没写"他喝酒啦"这四个字，而是发生了化学变化：

化学家这样写：

$$2CrO_3+3C_2H_5OH+3H_2SO_4 = Cr_2(SO_4)_3+3CH_3CHO+6H_2O$$
$$4CrO_3+C_2H_5OH+6H_2SO_4 = 2Cr_2(SO_4)_3+2CO_2+9H_2O$$

说的是这回事：

2 三氧化铬 + 3 酒精 + 3 硫酸 反应生成 硫酸铬 + 3 乙醛 + 6 水

4 三氧化铬 + 酒精 + 6 硫酸 反应生成 2 硫酸铬 + 2 二氧化碳 + 9 水

上面两个化学变化中，左边，也就是反应物阵营中都有三氧化铬（CrO_3）。三氧化铬是一种暗红色的粉末，和硫酸（H_2SO_4）混合在一起就变成了黄色，把混合后的物质涂在试纸上，装在酒精检测仪里。人要是喝了酒，酒精分子（C_2H_5OH）会残留在血液和肺之中，当酒后驾驶的司机向酒精检测仪吹气时，他身体内的酒精分子就会随着吹出的气一起进入酒精检测仪。于是上面的化学变化就发生了。

变出什么来了？看看右边，生成物阵营中有硫酸铬

[Cr₂(SO₄)₃]。硫酸铬是蓝绿色的。一看到小盒子上出现蓝绿色，
警察叔叔立刻眉头一皱，说："对不起！你喝酒了，属于酒后驾车。
请接受处罚！"

只要喝了酒，就一定会被检查出来，是吗？

 当然！现在有的地方就更先进了。交警使用
电子酒精检测仪，直接显示出司机血液里酒
精的含量，是喝了点酒，还是喝高了，是酒
后驾车，还是醉酒驾车，由数字说话，准确
无误。

那你刚才说的那种变颜色的检测仪呢？

 那种是化学试纸的酒精检测仪。

可那化学反应式，太复杂了，像一句外文，
我看不懂。

 没关系！你不用记住，知道有这回事就行了。

化学变色龙本领大

化学家手里的"变色龙"还多着呢！它们个个反应灵敏。耍好这条"变色龙"，可以让我们慧眼灵通，分秒间识别很多东西的庐山真面目，万用万灵。

比如淀粉和碘相遇，发生化学反应，生成物呈蓝色。无色的酚酞遇到碱会变红，再遇到酸又会褪去红色……

这些化学变化的反应式有点复杂，我们也用不着去记，只要会用就足够了。用什么呢？用试纸。

化学家利用化学变化制造出了各种试纸。让一小条试纸接触某种不知道的东西，试纸颜色立刻就变，根据颜色可以知道这是什么，还能告诉我们某种东西有多少。比如 pH 试纸可以用来检测物质是酸性的，还是碱性的；血糖试纸可以检测人的血液中葡萄糖的含量；甲醛检测试纸可以检测空气中甲醛的含量。

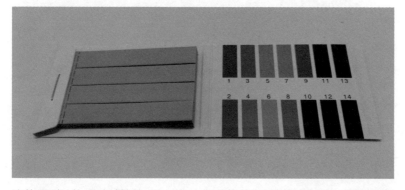

这就是测验物质酸碱性的 pH 试纸。左边黄色的小条就是试纸，要用时撕下来。右边是比色板，不同颜色对应不同 pH 值。pH 值越小，酸性越强；越大，碱性越强。pH 值是 7，就是中性。水的 pH 值就是 7

哈！我知道了，你刚才神神秘秘写的那个，肯定也是用了什么"化学变色龙"，是吧？

你真聪明！什么都瞒不了你！

你一说嘛，我想起来了。这事看着眼熟。有些古装电视剧里也有这样的怪事：一个人收到一封信，信就是一张白纸，没有字。这个人还一点也不着急，然后怎么怎么一弄，纸上就有字了……你是不是也在搞这种鬼？

没错，正是。

你用的是什么？快说说！

嘿嘿，自产自销——我用的正是我的柠檬汁。你也可以试一试啊。

古今多少事，都在密写中

用毛笔蘸一些柠檬汁，然后在白纸上写字，写好后把纸晾干。这时纸上啥也没有。但只要把纸在火上烤一烤，棕色的字迹就会立刻出现。

其实不仅仅是柠檬汁，白醋、洋葱汁都可以让你大模大样写秘密。奥秘就是酸性物质和纸发生化学反应，生成物的燃点比较低，在火上烤的时候，写字的地方由于燃点低被烤焦，字迹就现身了。

　　这叫密写术，是古代常用的传递信息的方法。可以用于密写术的密写药水有很多种，除了前面说的那几样，还能用米汤呢。

　　蘸着米汤写密信，晾干后，纸上不会留下痕迹。米汤里含有大量的淀粉，淀粉遇碘会变成蓝色。收信人在这张纸上涂上碘酒，蓝色的字迹就会清晰地显示出来。

　　还可以用明矾水写密信，晾干后同样没有字迹。收信人把纸浸入水中，字迹就会出现。这是因为晾干后的明矾有吸水的作用，当纸张浸入水中后，涂有明矾的地方会因为明矾的吸水作用而比其他地方湿得慢，于是白色的字迹就出现了。

　　这一招还真的被用在两国交战中呢！早在宋代，中国人就懂得了明矾有这个能耐。据史书记载，公元 1126 年，北宋都城汴梁，就是今天的开封，被金军围困。皇帝宋钦宗"以矾书为诏"，也就是用明矾水写了诏书，要求各地兵马前来救援。金人不知道其中的道理，使得诏书被安全传出。

哦，这个密写术我刚开始听，觉得挺好！可仔细想想，也不保险。要是别人也懂得化学"变色龙"，不就可以轻易破解了吗？

是呀！这样的事情也是有的。

康熙五十四年（1715 年），康熙皇帝亲征准噶尔。他的二皇子胤礽（réng）决定趁父皇离京的这个机会谋取皇位。胤礽当时被康熙软禁在自己的王府里，没法跟外界联系。于是他重金收买了常给他看病的医生贺孟頫，让贺太医带着明矾水书写的密信出去。没想到密信被辅国公阿布兰截获。恰巧阿布兰也懂得密写术，于是密信被破解，胤礽的计划彻底失败。这就是康熙年间轰动一时的"矾书案"。

柠檬悄悄话

> 糟了！糟了！你也知道柠檬的密写术了，怎么办？
>
> 哼，柠檬还有办法保守秘密，不说！不说！就不说！
>
> 想知道吗？去看本套书《数学，太有趣了！》第4、5章"嘘！秘密！……"。

太有意思了！没想到化学"变色龙"还在历史上有这么多故事。

 是呀！这样的事情也是有的。

对了！你刚才写的是什么？用你的柠檬汁写的是吧？那我用火烤烤看。

（小克点上火。）

 当心点啊！别老在一个地方烤，一边烤一边上下左右移动纸，更不要离火太近，当心把纸烤坏了。

啊！有字了，有字了！我看见了，啊哈……

第 9 章

沙子的表哥是谁呀

化学的世界真是神奇呀！

 更神奇的还在后面，嘿嘿。

还有什么？

 嗯，让我想想。你知道沙子的表哥是谁吗？

沙子？沙子还有"表哥"？那就是——石 头呗！

 石头算是"亲哥"，不是表哥。

哇！这亲哥俩的长相差别也太大了吧！那谁 是表哥呢？

 哈哈！你绝对想不到，它在手机里、电脑里、 你家的电视机里。

什么？手机、电脑、电视机里有沙子……的 表哥？！

 是的，没想到吧。

沙子的表哥学问大

　　沙子，没错！就是在工地边上堆着一大堆一大堆的，在海岸边趴着一大片一大片的，风一吹被刮得漫天飞舞，你平时恐怕很少正眼看它吧？它太平常了，太渺小了。

　　可它的表哥来头儿真是不小——是高科技的代言人。在众多的化学元素中，唯有它荣耀地为高科技冠名，推动人类进入数字时代。

　　怎么？你一下子觉得沙子的表哥很崇高，是吗？不，它很纤小，它就在你身边！你的生活一天都不曾离开它。电脑、电视机、手机、冰箱、微波炉里，甚至你最熟悉的玩具汽车里都有，它是这些电器的大脑，赋予它们智能。它就是芯片，你听说过吗？

芯片，我倒是听说过。可芯片到底是干吗的？它怎么就算是沙子的表哥了呢？

这个嘛，我们一样一样地说。先说它怎么就是沙子的表哥，这门亲戚是怎么攀上的。

　　沙子的主要化学成分是二氧化硅（SiO_2），芯片则是用纯净的硅（Si）制造的。从外表上看，它们八竿子打不着，可在化学家眼里，它们是亲戚，打碎骨头连着筋。

等等！你前面说过二氧化碳、二氧化硫，现在又来了个二氧化硅？

是，二氧化硅是硅的氧化物。

那硅是一种化学元素啦？

没错。

硅，听起来有点陌生，其实你正踩在它上面。如果说碳是生命的骨架，那么硅就是地壳（qiào）的基础。我们的地壳，也就是地球表面的那层壳（ké），主要由二氧化硅（SiO_2）和硅酸盐构成。沙子和石头的主要化学成分都是二氧化硅。

　　硅真是太多，太常见了！在组成地球的所有化学元素中，硅的含量排在第三位，占地球总质量的 15%。

　　1787 年，法国的化学家拉瓦锡首次发现了岩石中的硅。哦，又是拉瓦锡！他的发现可真多！要不怎么被誉为"现代化学之父"呢。不过，老虎也有打盹儿的时候，这次拉瓦锡把硅当作了一种化合物，而不是元素。直到 36 年后，瑞典化学家贝采利乌斯才为它正名，并且提炼出了纯净的硅。

　　纯净的硅是一种半导体，它的导电性质介于导体和绝缘体之间。就是说，与绝缘体相比，它不是那么"绝缘"，能允许少量电流通过；与导体相比，它导电又不那么痛快。在硅里掺入少量的硼、铝、磷等物质后，可以改变硅的性质，制造出二极管、三极管等各种电子元件。这些电子元件正是构成电视机、手机以及计算机芯片的基本单元。

　　到底什么是芯片呢？在一块纯净的硅上集成大量的电路，可以进行复杂的运算，这就是芯片。智能电器的"智能"——比方说能够进行逻辑推理和运算，能够智能识别你的指纹和语音，能够模拟人的动作和思维……这些"聪明智慧"都来源于芯片。

　　美国加利福尼亚州北部的圣克拉拉谷，由于聚集了英特尔、惠普、苹果等一大批研究和生产硅半导体芯片和产品的公司，又被称为"硅谷"。可见硅的地位和影响力多么巨大！

　　前面柠檬提过用太阳能发电，太阳能电池板就是用硅做的，利用的就是硅特有的光电性质。随着科技的发展，硅的用处越来越多。用硅半导体材料制造的 LED（发光二极管）灯，已经走进千家万户；硅与有机橡胶合成的硅胶，是人造血管、骨骼的最佳材料；掺杂了硅的金属陶瓷，耐高温、韧性好，是制造航天飞机的主要材料。

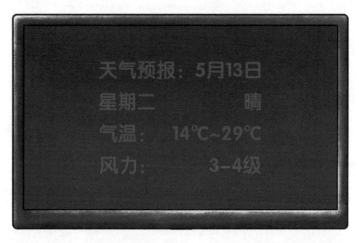

这种电子显示屏见过吧？银行、车站、医院都有，它就是很多发光二极管（LED）组成的

它还有港台名字呢

　　在我国香港和台湾地区，硅不叫"硅"，叫"矽"。

　　说到硅的名字，还有一个有意思的故事。在汉语中"硅"字本是"砉"字的异体字，是一个象声词，并没有实际意义。最初，中国化学家们在给这种元素取中文名字的时候，用了"硅"这个字，可规定它的读音是"xī"。

哎呀！有点闹心！大多数人还按自己的习惯把它念成"guī"，这可麻烦了。化学家们很快就发现了这个问题，不过他们坚持元素的名称应该念"xī"，于是就把字也改成了"矽"。这就造成了一个元素、两个中文名称的怪现象。

1953 年，中国科学院召开会议，把这个元素正式命名为"硅"，读音"guī"。不过在我国的台湾地区，人们还在使用"矽"这个名字，在香港地区，两个名字都在使用。即使在大陆，"矽肺"与"矽钢片"等词也仍在使用。

哇！沙子这位表哥可真有意思！

 人家还有姐姐呢！

姐姐？亲姐姐吗？它的亲哥是石头，亲姐姐会是什么？

 沙子的表哥学富五车、智慧无敌，沙子的姐姐美丽高贵、异彩纷呈！

是谁呀？

玻璃的前世今生

天然的水晶、玛瑙、碧石就是沙子的亲姐姐。它们的主要化学成分都是二氧化硅，和沙子一样。

吃惊吗？不会太惊讶了吧？你都知道钻石和铅笔芯的化学成分一样了，这回听说玛瑙和沙子的化学成分一样，应该容易接受多了吧？

手表、石英钟里面的石英，也是二氧化硅。

水晶

远在天边，近在眼前。做眼镜片的玻璃也是二氧化硅。没想到吧？

最初的玻璃，是从火山喷出的岩浆凝固后的乱石中找到的。大约公元前 3700 年，古埃及人就已经通过烧制的方法制造出了玻璃，并用于制造装饰品和器皿，当时只有有色玻璃。公元前 1000 年左右，我国古人制造出了无色玻璃。不过当时的玻璃可不像现在这么透明和美观，形状也不好控制。

如果你以后有机会去欧洲旅游，一定留心看看那些古老教堂的花窗。真的很美丽！颜色鲜艳、精美异常，花窗的图案大多讲述宗

巴黎圣母院的花窗

教故事。大约公元 4 世纪，意大利人开始把玻璃用于门窗。到了 13 世纪，他们制作玻璃的水平已经非常高超。玻璃制作的工艺，甚至是一项国家秘密。为了防止技术流失，意大利人把做玻璃的匠人全都集中在一座孤岛上，终身不许他们离开。

直到 1688 年，一个叫纳夫的人发明了制作大块玻璃的工艺，从此，玻璃渐渐成了普通的物品，开始走入寻常百姓家。

现在的工厂制造玻璃的主要原料包括石英砂（SiO_2）、纯碱（Na_2CO_3）、方解石（$CaCO_3$）等。在原料中加入适量的氧化锌（ZnO）会让制出的玻璃更有韧性。加点氧化铜，就能做出绿色或海蓝色的玻璃，加入量的多少会直接影响玻璃的颜色。把所有的原料都倒入坩埚，熔化 8 小时左右，再经过定型，玻璃就做成了。

我们认识了硅和硅的氧化物，它们真是能上能下、面孔百变。一面是都市人追捧的高科技，另一面却躺在荒郊野外没人理睬；一面从火山喷发中横空出世，另一面趴在海滩上甘心被海浪冲刷；一面是五光十色、被人钟爱的宝石，另一面灰头土脸，就算落在你家门口都只会被一脚踢飞……

太神奇了！

 呵呵，化学的世界，样样都神奇！

还有什么？

 你听！哪里"咕咕"响呢？哈！是你的肚子，饿了吧？那我们就走进厨房，看看有什么好吃的。舌尖上的化学，味道好极了！

煎炒烹炸都是化学在厨房里的体现：
加热可以加速食物及配料之间的化学反应；搅拌可以让食
物及调料（化学上叫反应物）充分接触——颠大勺也是噢！

第 **10** 章

我像爱盐一样爱您

走进厨房，你知道在厨师眼里，什么是世间最美味的东西吗？

哦？呃，是鸡？鸭？鱼？肉？……大虾？螃蟹？……比萨饼？……巧克力？

呵呵，柠檬先给你讲个英国的古老传说。

什么？快说！

传说有个国王，他问自己的三个女儿有多爱他。大女儿说："我像爱糖一样爱您。"二女儿说："我像爱蜂蜜一样爱您。"国王听了这样的甜言蜜语非常高兴。只有小女儿说："我像爱盐一样爱您，爸爸。"国王听了气得要命。

说像爱盐一样，确实不如像爱糖和蜂蜜似的，听起来感人啊。盐？像爱盐一样？听起来怪怪的。

盐，就是我开头问题的答案。在厨师眼里，世上最美味的东西就是盐，因为要是没有盐，什么中餐西餐、煎炒烹炸全都没有滋味。

嗯，可是……即便这样，要说"像爱盐一样"爱自己的爸爸，还是有点别扭。

那我继续把这个故事给你讲完。

"钠"样重要

国王的大公主和二公主，因为甜言蜜语讨得国王欢心，被分封了王国的领土。而小女儿却因为质朴、真实的表达，惹得国王翻了脸。他认为没良心的老三对自己没感情，一怒之下，狠心地驱逐了小女儿，而他自己甚至因此开始讨厌盐。

阴差阳错，这位心意真诚、看法独特的小公主，日后成了别国的王后。而她的两个姐姐在得到封地后，就把自己对父亲的甜蜜表白丢在脑后，对父亲越来越不好。

后来这个国家遭到邻国的侵略。军队的战士因为没有吃盐，导致浑身没劲，根本无力应战，连连吃败仗。国家处在危难之时，两位大公主袖手旁观，而已经成了别国王后的小公主，给毫无战斗力的军队送来了盐，帮助军队打赢了保卫战。国王也不得不重新体会"像爱盐一样爱您"这句话的深情厚意。

人不吃盐还会这样？真的假的？

真的。盐有多重要——柠檬用数据来说话！

"我家小孩老不长个儿，是不是缺钙啊？"

"我家宝贝不爱吃饭、多动，好像是缺锌呢。"

在人体必需的金属元素里，你最熟悉的大概就是钙和锌了。从你小时候起，妈妈就关心你是不是缺乏它们。不光妈妈们关心，商家也关心。满街都是幸福的妈妈抱着健康的宝宝做的补钙和补锌营养品的广告。

可我们究竟需要多少钙和锌呢？

人体每天需要 900 毫克左右的钙。

锌呢？更少，一个人一天只需要 11 毫克。

我国营养学会推荐 18 岁以上的成年人，每天摄入钠的量为 2.2 克，相当于需要吃进 6 克，也就是 6000 毫克的盐。

看看！比钙和锌多了多少？盐重不重要？

哪里又跑出个钠呀？

盐里就有钠。

食盐的化学成分是氯化钠 (NaCl)。

钠（Na）是人体必需的一种微量元素。一般情况下，成人体内的钠大约占体重的 0.15%。你身体里的钠，大约有 45% 存在于骨骼之中，有 45% 存在于细胞外的体液里，另外 10% 存在于细胞内部。

钠，看到这个威风凛凛的金字旁，你也能猜出它是一种金属。可钠在人体内干的却是"和事佬"的事。钠最主要的作用是调节细胞内外的压力平衡。哦，这对细胞来说，可是十分重要的。因为细胞是一个封闭的系统，没有开口。那么细胞是怎么和外界交换物质和能量的呢？靠的就是细胞内外的压力差。要知道，物质总是从压力高的地方向压力低的地方移动。如果细胞内外的压力失衡了，那么细胞内外的物质和能量交换也会乱套，甚至停止。细胞出了问题，人就会生病，后果很严重啊！

除此以外，钠还参与维持体内酸碱平衡、调节血压等工作。

人如果长时间不吃盐，身体中钠元素缺乏，就会精神倦怠、浑身无力，甚至站起时都会昏倒。如果不能及时给身体补充钠，还可能会出现恶心、呕吐、血压下降等症状。这可不得了，要赶紧救治。不然，小命休矣！

原来盐不光能让饭菜有滋味，还这么重要！

 是呢。

钠是什么样的？我见过铁，见过铜，也见过金和银，就是没有见过钠。钠和铁长得很像吧？

 哦，想看到金属钠，还真不容易，因为它是——

"钠"样活泼

金属钠的化学性质相当活泼，就是说，它特别容易发生化学反应。要是把它放在空气中，遇上化学性质也很活泼的氧气，两种嘻嘻哈哈、都爱交朋友的元素会立刻抱团儿，形成的化合物叫氧化钠

保存在煤油里的金属钠（用小刀切开钠）

（Na_2O）。这件事用化学家的话说，就是钠在空气中会迅速氧化。

要是把钠丢进水中，嚯！那可不得了！说风就是雨的钠立刻就让你听个响儿——会爆炸！所以自然界中根本不可能有纯净的钠存在。即使在化学实验室里，也要把不安分的钠存放在煤油里才能让它老实点。

钠还会很另类地颠覆你对金属的印象。在你的记忆中，金属都泛着冷冷寒光，摸起来梆梆硬、敲一下当当响，是吧？钠倒也有金属光泽，是银白色的。可同为金属，钠却是一种很柔软的物质。软到我们可以像切豆腐似的，用小刀把它切成薄片，或者用擀面杖把它擀得像纸一样薄。

"钠"也不能多吃

缺钠不行，身体里的钠太多了，也不好。

现代医学表明，吃盐过多，也会得很多病，其中最常见的就是高血压。根据统计，人吃盐的数量与患高血压的概率有一定关系。阿拉斯加的因纽特人食盐量很低，基本上没有患高血压的，而每天食盐量高达 20 克的日本北部居民，高血压的发病率高得惊人。除此以外，吃盐过多，还会加大患动脉硬化、心脏病、水肿甚至胃癌的风险。

按照世界卫生组织的建议，一个成年人，每天吃的食盐不应该超过 6 克。不得不承认，我们中国人的饮食习惯比较贪咸，口重，喜欢味道浓厚的菜肴，所以吃盐的量普遍超标。

为了身体健康，你一定要告诉爸爸妈妈，菜不要做得太咸，尤其对小朋友来说，要减少食盐的用量。

说到这儿，你也别光盯紧你家的盐罐子，另一方面却猛倒酱油、大口吃咸菜、再剥一个咸鸭蛋……它们里面也都含有盐呢。

说到控盐，核心是控"钠"。不光盐里有钠，厨房里潜伏着钠的瓶瓶罐罐还真不少！味精、鸡精、小苏打，里面也有钠，食用过量同样会患上前面说过的那些病。

味精是日本味之素公司在 1909 年发现的。味精的主要成分是谷氨酸钠（$C_5H_8NO_4Na$）。它能使食物变得更加美味。动物的身体内有天然的谷氨酸钠，所以肉汤的味道明显好过白菜豆腐汤

发面蒸馒头、蒸包子的时候，经常需要用到小苏打（$NaHCO_3$）和纯碱（Na_2CO_3），它们里面都有钠。外国人常喝的苏打水，里面也有小苏打

苏打水

知道知道！超市就有一种低钠盐。我家还买呢。

嗯，你觉得低钠盐的味道怎么样？

好像和盐也差不多。可它怎么做到"低钠"的呢？你不是说盐就是氯化钠（NaCl）吗，难道低钠盐就是少装点氯化钠？

哈哈！少装氯化钠，那盐的量也少了，不是低钠盐，是缺斤短两盐。

所谓低钠盐，就是在氯化钠里面添加了氯化钾（KCl）。氯化钾的数量大约占低钠盐总量的 30%。

钾（K）和钠一样，也是一种金属，它们的化学性质很相似。可是到了身体里，它们的作用正好相反。钠主要存在于细胞外面的体液中，而钾则主要存在于细胞内部，它和钠一起调节细胞内外的压力平衡。钠会引起血压升高，而钾则会起到降低血压的作用。缺钾可能会引发心跳加快和心律不齐，甚至会导致心脏停止跳动，危及生命。

乳制品、肉类、香蕉、葡萄中都含有丰富的钾。当然，如果你家吃的正是低钠盐，那么既可以减少钠的食用量，同时还可以补充钾。

啊！原来是这样！不错不错！我知道了钠的作用，还懂了什么是低钠盐。奖励自己一下！吃点东西吧。

 吃什么呢？

苏打饼干。

 苏打饼干里也有钠哦！

哦……

 还有一样美食，不，不是一样，是一大类里，也有钠。

 是什么？

碳酸氢钠和一种酸混合，遇水就发生化学反应。呼呼冒泡，真好玩！没错！就是你吃的泡腾片，里面一般都有钠

第**11**章

一种真菌的化学魔术

变、变、变!

太神奇了!

小克，你喜欢吃包子、花卷，还有馒头吗？

包子我喜欢，特别是肉包子！花卷也不错。馒头嘛，要看有什么配着吃的。

 做包子、花卷和馒头，都需要发面。发面时经常要用到小苏打（$NaHCO_3$）和纯碱（Na_2CO_3），它们里面都有钠。

那就是说包子、花卷和馒头里也有钠了？

 如果是用面肥加碱的方式发面，那么做出来的包子、花卷和馒头里就肯定有钠。

那还有什么别的发面方法吗？

 有啊，用一种真菌。

天呐！细菌？！那还能吃吗？

 能吃。不用怕！我说的不是细菌，是真菌，而且是一种好真菌。

瞧你！别一听细菌就瞪圆了眼睛，恨不得立刻拿一瓶消毒药水使劲地喷啊洗啊，赶尽杀绝才痛快。

　　人有好人，也有坏人。细菌同样也有好细菌和坏细菌之分。坏细菌让人生病，好细菌对人不但没有害处，还对人有好处。而柠檬要说的不是细菌，而是一种真菌。真菌是和细菌完全不同的生物，真菌同样也有好有坏。

　　用来发面的真菌叫酵母菌，是一种单细胞生物，是宇宙中最简单的生命之一。别看简单，它的地盘大着呢，在空气、土壤、水、动物体内，到处都可以安家。

　　酵母菌就是一种好真菌。把它吃到身体里，不会让你又拉又吐。它对人没有恶意，而且冷不丁地它还会变个小魔术，为你的生活添滋味！

变！变！变！变大

　　你家里蒸过馒头或者包子吗？蒸馒头之前有一个很重要的工作，就是发面。发面的时候，通常我们会向面粉里放一些酵母菌，然后加些温水和面。面和好后，把面放在比较温暖的地方待上一两个小时。

　　变——

　　再打开盖子一看，面就涨起来了！明显比刚才高了一些，而且非常松软。这时如果你用刀切开面，会发现面的里面有很多小气孔。

这就宣告，面发好了。

发好的面可以用来蒸馒头、蒸包子或者烤面包。

刚和好的面就是小小、紧紧的一团，怎么会涨大？为什么会变松软？气孔是哪里来的？这都是酵母菌的魔术。

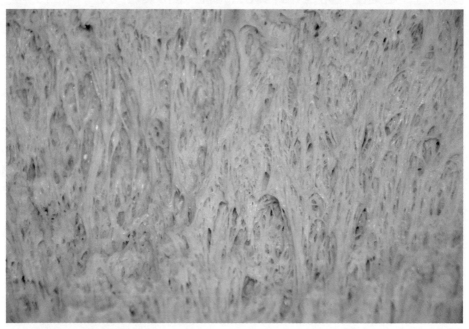

发面时，这些气孔就是酵母菌的杰作

原来酵母菌最喜欢的食物是糖，它可以通过分解糖来为自己提供能量。以前柠檬讲过，绿色植物通过光合作用合成了大量的葡萄糖，这些葡萄糖在植物体内会合成淀粉、纤维等糖类化合物，储存在植物的内部。

面粉中含有大量的淀粉。在水的作用下，部分淀粉会转化为葡萄糖（$C_6H_{12}O_6$），而酵母菌可以把这些葡萄糖进一步分解为二氧化碳和水。在这个过程中产生的能量，被酵母菌毫不客气地享用了。于是，看似平静的面团中，化学变化正悄悄发生。

化学家这么写：

$$C_6H_{12}O_6 + 6O_2 =\!\!= 6CO_2 + 6H_2O$$

说的是这回事：

葡萄糖 +6 氧气 反应生成 6 二氧化碳 +6 水

柠檬悄悄话

　　魔术师哪儿去了？反应式里为什么不见酵母菌的身影？

　　魔术师当然在一边挥动神奇的魔术棒咯！反应式左边是发生变化的东西（反应物），右边是变出来的东西（生成物）。魔术师当然还是魔术师，它自己不会发生变化，它在主导这个变化哩。

　　看到了吗？在这个反应中会产生很多的二氧化碳。于是面团里就出现很多小气孔，面团也因此变得蓬松而柔软。

　　一般来说，当温度在 20 摄氏度至 30 摄氏度之间时，酵母菌会比较活跃，所以和面的时候，一定不能用太热的水哟！可要是冬天天太冷，小酵母菌们也不愿表演。那就要把面团放在暖气边上，这样面会发得快一点。

变！变！变！变醇美

　　刚才那个小魔术，仅仅是酵母菌的一个小把戏，还有更精彩的，它还会酿酒呢。

　　在发面的时候，酵母菌携手空气中的氧气，一起来分解葡萄糖。可在酒缸里，没有氧气，魔术师的道具没有了，酵母菌该怎么办呢？

　　这可难不倒我们的小魔术师。就算没有氧气，它照样可以舞动魔术棒，变！变！变！——哈！变出新东西啦！

　　化学家这么写：

$$C_6H_{12}O_6 == 2C_2H_5OH + 2CO_2$$

说的是这回事：

葡萄糖 反应生成 2 乙醇 + 2 二氧化碳

　　这回变出来的新东西看起来怪眼生的，是一种无色的液体，闻一闻，唔，还有一股味！乙醇（C_2H_5OH）就是我们说的酒精。甭管啤酒、白酒、红酒、黄酒还是料酒，里面都有它。来！干杯！

　　我们中国人喜欢用粮食来酿酒。酿酒厂的工人们把酒曲和粮食混合在一起，酒曲中的微生物负责把粮食中的纤维、淀粉转化为葡萄糖。然后就是酵母菌上演拿手好戏的时候了。它把葡萄糖转化为酒精，甘洌醇厚的美酒就酿出来了。不管酵母菌喜不喜欢，我们把它的这个魔术，叫作发酵。

柠檬悄悄话

　　我国传统的酿酒方式酿出的是低度酒，少喝一点是可以的。当然，这是对大人来说。

　　过量饮酒有害健康。饮烈性酒，更是对身体很不好。

　　不管什么酒，未成年人都不要喝。

　　欧洲人喜欢用葡萄汁来酿酒。显然，用葡萄汁酿酒更简单，因为葡萄汁本来就很甜嘛，已经含有大量的葡萄糖了，只要把酵母菌直接加到葡萄汁里，再把容器严严实实地密封好，人的任务就算完成了，剩下的就让酵母菌慢慢施展去吧。当容器中的酒精含量达到 10% 的时候，酒精会杀死容器中的酵母菌，于是发酵便结束了，这样酿出来的就是葡萄酒。

　　无论在东方，还是西方，可爱的酵母菌都在施展它的魔术，为人们酿造芬芳，酿造美好的生活。

葡萄酒的酿造是如此简单，所以早在 5000 多年前的保加利亚，欧洲人就开始酿造葡萄酒了

啊！真没想到啊！发面和酿酒，这两件看着八竿子打不着的事，居然还有联系。真神奇啊！

是的。酵母菌的魔术还没演完。你可能不知道，在你家的厨房里，还有一样常见的东西，也是酵母菌魔术棒下的美味呢。

还有？！什么呀？

变！变！变！变酸

柠檬先给你讲个古老的传说。

相传发明酿酒的人叫杜康。杜康这名字倒挺文雅，可杜康儿子的名字，却五大三粗，叫黑塔。听这个名字，想来也是个"着三不着两"的家伙。

据说有一天，黑塔干完了活，随手在装酒糟的缸里加了几桶水，然后就去休息了。可能是干活干得太累了，他不知不觉地就睡着了。

睡得正香时，忽然，耳边响起了一声雷。黑塔迷迷糊糊地看见房间里站着一位白发老翁，正笑眯眯地指着大缸对他说："黑塔，你酿的调味琼浆，已经 21 天了。今日就可以品尝了。"黑塔正要再问，谁知老翁已经不见了。他大声喊："仙翁，仙翁！"自己也被惊醒。原来刚才他做了一个梦。

黑塔抓抓脑袋，回想刚才梦中发生的事情，觉得十分奇怪。他爹酿酒后剩下的酒糟，他们拿来喂马。这大缸中装的不过是喂马用的酒糟，再加了几桶水，怎么会是调味的琼浆呢？

黑塔将信将疑，就尝了一下酒缸中的水。谁知一喝，只觉得满嘴香喷喷、酸溜溜的，顿觉神清气爽，浑身舒坦。这就是醋。

这个黑塔酿醋的故事，明显是个带有神话色彩的传说。不过，科学地说，酿醋和酿酒确实是很相似的过程。酵母菌可以产生酒精，而其他一些微生物，可以把酒精进一步转化为醋酸（CH_3COOH）。这个过程会经历比较复杂的化学反应，柠檬就不给你看化学反应式了。

无论是酿酒还是酿醋，都是在纯天然环境下发生的化学反应。这些化学反应的产物对人体都是无害的。不过如果是用酒精或者醋酸勾兑出来的酒和醋，可就不那么安全了。因为随着化学工业的发展，人们可以用更低的成本来制造酒精和醋酸。不过这样制造出来的酒精和醋酸，虽然成本低、价格便宜，但在制造的过程中会产生很多对人体有害的物质，会影响人的健康呢。

啊，我一直觉得叫什么菌的都很恶心，都很脏呢。

 呵呵，也有好的细菌呐，比如酸奶里就有对人有益的细菌。真菌也有好有坏。我们吃的蘑菇就是一种真菌呢，而让人患上脚癣的，也是真菌的一种。

嗯，现在我一下子很喜欢酵母菌了！本事真不小呢！

 是啊。刚刚讲了一种勤快能干的真菌，下面我带你去认识几条"懒虫"！

懒虫？这和化学有什么关系？

 当然有关系！你看了就知道……

第12章

懒人狂想曲

快来！小克，我们去认识认识化学世界的几位懒人。

懒人？化学世界还有懒人？它们怎么懒了？

 它们可真是懒。它们懒得打招呼，懒得交往，懒得理人，独来独往，无朋少伴。碰见谁都你是你，我是我，井水不犯河水，老死不相往来。

嗬！连交朋友都不肯，真是够懒的！

 谁说不是呢！既然它们懒得要命，懒得自己过来，那咱就主动过去，认识认识它们吧！

说它懒，不冤枉

懒人一共有6位，小个儿在前，大个儿在后，排成一队就是：氦、氖、氩、氪、氙、氡。

看看！站都懒得站直，每人顶着一顶歪歪斜斜的气体帽子，说明它们都是气体。

也许你觉得气体应该都挺活跃的，一吹就跑，一扇就动，不像固体，踹一脚都可能不动。

　　说它们 6 位懒，不是指这方面，是指它们的化学性质懒惰，或者说宅！它们不愿意与其他元素发生化学反应，它们不会燃烧，不会帮助其他物质燃烧，不溶于水……对它们来说，孤零零地一个人待着是最好的。它们甚至不愿意与同类原子结合成分子，所以惰性气体的分子里只有一个原子，独门独院，独来独往。

自己孤零零地一个人待着是最好的

这 6 个懒惰的家伙，孤僻又骄傲地占领着元素周期表的最右端。化学家叫它们第 0 族元素或者惰性元素。作为气体，它们有个共同的名字：惰性气体。唉，怎么说都是懒！

　　它们哥儿几个懒不要紧，化学家们都是勤奋无比、精力旺盛的人呐，总是千方百计想把这 6 个懒鬼改造成勤快友善的好同学。加热，点燃，高温，高压，加催化剂……想方设法，创造机会让它们和别的物质进行化学反应。

　　1962 年，英国化学家巴特列特的努力获得了成功。他在实验室中成功地合成了一种氙（Xe）的化合物 $XePtF_6$，这是一种橙黄色的固体，十分稳定且安全。

我不跟你玩！

这是人类第一次合成了惰性元素的化合物。自此，有些好心眼儿的化学家就认为，不好再叫人家"惰性气体"啦，毕竟人家也可以参与化学反应，应该叫它们"稀有气体"。不过，事实证明，真的很难让懒人们融入轰轰烈烈的化学反应进行曲，它们更喜欢自顾自地演奏不太和谐的懒人狂想曲。

它们的口号是：**没有最懒，只有更懒！**

无论如何，比起活泼的氢气、氧气、氯气来说，它们都是相当"懒惰"的，叫它们"惰性气体"，一点也不冤枉。

发现懒人的勤快人

1868 年，法国天文学家詹森和英国天文学家洛克耶在观察太阳的时候，意外地发现了一条黄色的光谱线。这条光谱线与以往人们熟悉的任何一条光谱线都不相同，经过认真的研究，科学家们认为这是一个未知元素的光谱线。由于这是科学家们在太阳上发现的第一个新元素，所以人们把这个新元素命名为 helium，在希腊语中，这个词的意思是"太阳"。这就是氦。

消息一出，世界为之震动。因为这是人类第一次发现地球以外的新元素。为了纪念这一发现，当时的人们还特意铸造了一块金牌。金牌的一面雕刻着驾着四匹马战车的太阳神阿波罗，另一面雕刻着詹森和洛克耶的头像，下面写了氦的发现过程。

哎！真有意思！外国人和咱们中国人有些地方挺像的。

 怎么说？

我在博物馆里看过一种古代造的、像个长着腿的大锅似的东西，叫鼎。有什么大事，比如建国啦，打大胜仗啦，就在鼎上面刻字，记住这件事。

 真了不起！你的发现很棒噢！

呵呵，你看，外国人也在金牌上刻字，记录他们的大事。

 对啊！发现一种新元素，当然是件了不起的大事啦！不过这两个人只发现一种新元素，还有一个人发现了一串新元素呢！就更厉害了！

是拉瓦锡吗？

 这次不是他了，是一个英国人。

柠檬悄悄话

光谱就是全体光大排队，各种颜色的光总动员，按光的波长从大到小形成的一条光带。其中的一条光谱线，就是光谱里某一种特定颜色的光。

你还记得吗？本套书《物理，太有趣了！》第 12 章"寻找最最小，世界真奇妙"里讲过，光都是由原子发出的。每个原子发出的光的颜色都是固定的，而且都是自己独有的。所以，通过观察光的颜色，就可以知道这种光是哪种原子发出的。

拉姆赛（1852—1916），英国化学家，因发现惰性元素而获得 1904 年诺贝尔化学奖

1904 年的诺贝尔化学奖，被授予英国化学家拉姆赛。他几乎一个人包办了元素周期表上的一列。

氦元素被发现后不久，拉姆赛就在实验室分离出了氦，证明氦并不是太阳上才有的元素。在氦被发现后的 30 多年里，拉姆赛再接再厉，又接二连三地发现了氖、氩、氪、氙和氡。

这可太了不起了！氧气时刻在我们的鼻孔里进进出出，化学性质那么活泼，喜欢到处插一脚，就在我们的周围如影随形，可人类认识氧气、发现氧气，都还经历了一个过程。这几个懒人蔫头耷脑、少言寡语，在自然界中的数量也不多，拉姆赛竟然能把它们一个个找到！拉姆赛被誉为"惰性元素之父"，真是再贴切不过了。拉姆赛的伟大，在于他为元素周期表添上了原来不存在的一列——0 族元素。

2006 年，俄、美科学家联合在实验室中制造出了第 118 号元素，这是第 7 个惰性元素。科学家们把它命名为氯（ào），元素符号为 Og。不过这个氯实在是太不稳定了，从诞生到消失，寿命只有千分之几秒。自 2006 年到现在，人工合成的氯原子不超过 10 个，以至于科学家还无法确定它是不是气体。

哦？懒人里，还有这么一位啊！

 是啊。懒人的懒不光体现在化学性质上。柠檬之前说过的氧啊，碳啊，硅啊，钠啊，人家一个个多才多艺，本领多多。

我记得呢！碳又能当钻石，又能当石墨，还能吸附脏东西抓坏人。二氧化硅又是宝石，又是玻璃，纯净硅还能做芯片。

 就是！可这几个懒人，特长少得可怜。还亏了精明能干的化学家们——

给懒人派点活儿

　　氦是宇宙中含量第二多的元素，宇宙总质量的 24% 都是氦。不过在地球上，氦就要少得多了。因为氦气太轻了，以至于地球的引力无法吸引住氦分子。和前面说过的氢气一样，氦分子平步青云，径直飞到宇宙里。

　　你一定听说过氢气球。在气球中充入氢气，气球会飞向高空。不过氢气很容易爆炸，生产、运输的过程都十分危险。借用氦气的懒，我们可以用氦气来代替氢气，一样身轻如燕，直上重霄，而且更加安全，让人放心。

　　你见过电工叔叔的试电笔吗？要试试有没有电，电工掏出试电笔，往插座的孔里一插，笔杆里亮了，就说明有电。试电笔的笔杆里就有一个小小的氖灯泡。

试电笔，笔杆中有个小小的氖灯泡。如果有电，灯泡就会亮

　　什么？没见过吗？那你一定见过城市里五颜六色的霓虹灯吧，知道霓虹灯是谁发明的吗？就是"惰性元素之父"——英国人拉姆赛。

　　1898 年，拉姆赛设计了一个实验，他想知道这几个小懒虫是不是可以导电。他把氖气充入玻璃管，并且在玻璃管的两端通电。一个意外的现象发生了：玻璃管内的氖气不但开始导电，而且还发出特别美丽的红光。这种神奇的红光让拉姆赛和他的助手惊喜不

已，他把这种灯取名为氖灯。

氖的英文名称是 neon，我们中国人很文艺范儿地把它翻译为"霓虹"。

拉姆赛后面的实验又有更多惊喜！他继而发现：氖气能发出白色的光，氩气能发出蓝色的光，氦气能发出黄色的光，氪气能发出深蓝色的光……如果在玻璃管中充入混合气体，就能发出更加丰富迷人的光彩。

懒人也焕发青春啦！霓虹灯的亮度高，耗电量和发热量都比较低，而且还挺耐用，灯管寿命长。看来只要用对地方，懒人的优点还真不少！

霓虹灯一经问世，就备受人们青睐。

太阳落山了。咱们出去看看，有没有霓虹灯吧！

 好啊！你看，好多呢！

啊！五颜六色，一闪一闪，真漂亮啊！

 霓虹灯装点夜色、点亮人的心情，可以说，是一首动感十足、绚丽多姿的懒人狂想曲！

第 13 章

说说"诺奖"放飞梦想

我们说了这么多化学知识，也该说说化学家了。

说哪位化学家呢？

 就说一位全球知名度最高的化学家吧！

是拉瓦锡吗？

 不是他，他对化学的贡献确实很大。可柠檬要说的这位，才真是妇孺皆知，地球人都知道。

谁呀？谁呀？

 诺贝尔。

就是那个诺贝尔奖的诺贝尔吗？

 正是。

他是化学家啊？我还不知道呢，我就知道诺贝尔奖很了不起啦。

 你看，谁都知道诺贝尔奖，可就是不知道——

那个叫诺贝尔的人干了点啥

诺贝尔是一位化学家，他主要的工作就是研究炸药。

前面柠檬讲过，我们中国人发明了黑色火药，还把它用到了战场上。大约13世纪的时候，火药传入了中东地区，随后又传入了欧洲。不过，黑火药的爆炸威力十分有限，所以一些欧洲的化学家开始琢磨发明新的、威力更大的火药。

阿尔弗雷德·贝恩哈德·诺贝尔（1833—1896），瑞典化学家、工程师、发明家

1838年，佩卢兹首先发现，把棉花浸入硝酸后取出，晾干，用火点燃时会发生爆炸。在这个基础上，德国化学家舍恩拜因在1845年发明了硝化纤维；意大利化学家索布雷于1846年发明了硝化甘油。这两种东西都有极强的爆炸性，尤其是硝化甘油，威力巨大。然而，在把它们投入生产的时候，出现了令人望而却步的难题，就是生产过程中太容易爆炸了。

怎么解决这个问题呢？诺贝尔出现了！

诺贝尔是瑞典人。他的父亲就是一位著名的发明家，曾经发明过家用取暖的锅炉系统，还曾经为俄罗斯制造水雷，因为这，老诺贝尔还得到过沙皇尼古拉一世的表彰呢。

大概是受父亲的熏陶，诺贝尔也热爱发明创造。1862 年，他发明了一种叫作"温热法"的生产工艺，使硝化甘油的生产变得比较安全一些。随后，他就建立了工厂，开始大规模地生产硝化甘油。

1863 年，诺贝尔发明了雷管，用于引爆炸药。诺贝尔的想法是，在不用雷管引爆的情况下，无论怎样搬运、移动，炸药都不会爆炸。这样，炸药的生产和运输就安全多了。

安装了定时器的炸药

不过，安全永远是相对的。1864 年，他的工厂发生了爆炸，包括诺贝尔的弟弟在内的 5 名工作人员被炸死。由于太危险，在这次事故以后，瑞典政府禁止重建这座工厂，并且不允许诺贝尔在陆地上进行任何有关炸药的试验。可诺贝尔越挫越勇，他向朋友借了一艘船，在湖面上继续这项风险极大的探索。

功夫不负有心人！ 1866 年，诺贝尔成功地改进了硝化甘油，发明了一种叫作达纳炸药的新型炸药。达纳炸药不仅威力巨大，而且在生产、运输途中都非常安全，从而被广泛使用。1887 年，诺贝尔又发明了更加安全的特种达纳炸药。

 还记得我们说的黑火药的爆炸原理吗？

嗯，记得呢。就是先是固体，点燃后变成气体，体积变大很多，就爆炸了。

 对。硝化甘油爆炸也是这个道理：利用化学反应产生大量的气体，气体的体积太大，狭小空间里盛不下，就"砰"的一声……

看看硝化甘油是怎么发威的：

化学家这么写：

$$4C_3H_5N_3O_9 = 6N_2 + 10H_2O + 12CO_2 + O_2$$

说的是这回事：

4 硝化甘油 在点燃情况下反应生成 6 氮气 +10 水 + 12 二氧化碳 + 氧气

6 倍氮气、12 倍二氧化碳……反应式右边这些就是生成的气体吧？

可不是嘛！就是这些气体导致爆炸的呀。

哎哟，怪不得！这么厉害！

　　需要它炸的时候威力劲爆，不需要它炸的时候安安静静。你说，诺贝尔发明的炸药能不受欢迎吗？不难想见，当时全世界大部分的炸药工厂都乐意生产诺贝尔发明的达纳炸药和雷管，并且付给诺贝尔专利使用费。这让诺贝尔拥有了巨大的财富以及很多工厂的股份。

设立奖项，遗爱人间

　　一生手握 300 多项发明专利的诺贝尔，拥有惊人的巨额财富。然而，一辈子潜心化学研究和发明创造，诺贝尔没有结婚，也没有儿女。在去世之前，他立下遗嘱，用他毕生积累的财产，共 920 万美元建立一个投资基金。用每年投资获得的利息设立诺贝尔奖，分别奖励在物理学、化学、生理学或医学、文学以及和平事业这 5 个领域"为全人类做出巨大贡献的人"。

诺贝尔奖的金质奖章

诺贝尔奖自 1901 年开始颁发，初期只有 5 个奖项。1968 年，为纪念诺贝尔，瑞典银行出资增设了诺贝尔经济学奖。

诺贝尔奖是当今世界最引人瞩目的国际性奖项，横跨自然科学和人文社会科学。其中物理学奖、化学奖、生理学或医学奖被公认是该领域全球最权威的大奖。

一百多年来，数百位科学家登顶这一至高荣誉。他们的成就极大地推进了人类文明，他们的发现深刻地影响了生活的方方面面，带给人们无限的光荣与梦想！

柠檬悄悄话

知道诺贝尔是怎么死的吗？——死于心脏病。

他知道硝化甘油可以做炸药，却不知道它可以治疗冠心病和心绞痛。作为药物，它还有另一个名字，叫硝酸甘油，听说过吧？

医生曾建议诺贝尔服用硝酸甘油。可当时没有理论证明它能治疗心脏病。诺贝尔拒绝用这种夺命的东西给自己治病。唉，也真是讽刺啊！

诺奖群英谱

在柠檬向你介绍过的科学家中，就有好几位是诺贝尔奖得主呢！

大名鼎鼎的物理学家爱因斯坦，获得了 1921 年的诺贝尔物理学奖。

不知道吧？在本套书《物理，太有趣了！》中介绍过的 X 射线，它的发现者德国物理学家伦琴教授，是 1901 年首届诺贝尔物理学奖获得者呢。

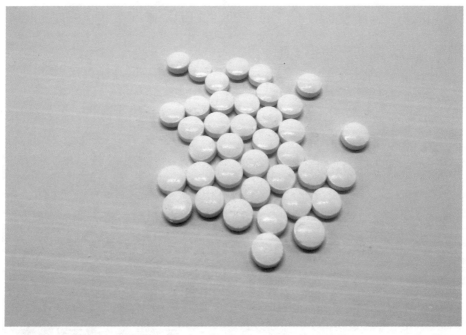

诺贝尔奖的科技成果，并不都像你想的那样艰深难懂、遥不可及。你身边寻常可见的维生素就先后使 8 位科学家荣获诺贝尔奖

来！说说你知道的诺贝尔奖得主吧。

我知道我知道！你讲过啦，居里夫人啊！不光自己得过，她的女儿女婿也得过。

 对！这种"诺奖一家亲"的传奇还不止居里一家。英国的布拉格父子都得过诺贝尔物理学奖。印度物理学家拉曼和他的外甥钱德拉塞卡也都得过诺贝尔物理学奖。

真厉害！咱们中国的科学家杨振宁、李政道得过诺贝尔物理学奖。我还知道，2012年诺贝尔文学奖得主是中国作家莫言；屠呦呦获得了2015年诺贝尔生理学或医学奖。

 你忘了？还有丁肇中呢，也得的是诺贝尔物理学奖。

我知道，还有美籍华裔物理学家朱棣文、崔琦和高锟。

 哇！你知道的还真不少！诺奖中国脸里，还有美籍华裔生物化学家钱永健。如果文学家沈从文先生能多活半年的话，公认1988年的诺贝尔文学奖非他莫属。

哦？难道去世了，就不能得诺贝尔奖了？

 是，诺贝尔奖规定，只颁给还在世的人。

噢，所以发明元素周期表的门捷列夫就没得上嘛，怪遗憾的！

 诺贝尔奖的历史上，还有"跨过界"的大师呢，你知道吗？

什么？

 数学家约翰·纳什得的是诺贝尔经济学奖。更搞笑的是，英国物理学家卢瑟福得到的是诺贝尔化学奖。他看到获奖通知后，大笑着说："看呐！他们给了我一个化学奖！哈哈，我一辈子研究变化，可这次的变化太大了！我是一个物理学家，居然变成了化学家！"

哈哈哈哈……还有这事，太逗了！

 诺贝尔奖的有趣故事多着呢！以后讲给你听。

我长大了也想像那些获得诺贝尔奖的大师一样，做出重大发现。

太棒了！多多学习，保有一颗对自然的好奇心，你就有机会！

柠檬悄悄话

　　居里夫人得过两次诺贝尔奖呢！一次是物理学奖，一次是化学奖。

　　她为什么能得到物理学奖，在本套书《物理，太有趣了！》中的"杀手正传：放射性全揭秘"中介绍过。丁肇中先生的得奖原因，在《物理，太有趣了！》中的"寻找最最小，世界真奇妙"里提到过。